哇！编程
拔高篇
申小吉SCRATCH编程环游历险记 III

神鸡编程 ◎ 著　　李泽 ◎ 审校

天津出版传媒集团

天津科学技术出版社

和申小吉一起学编程啦!

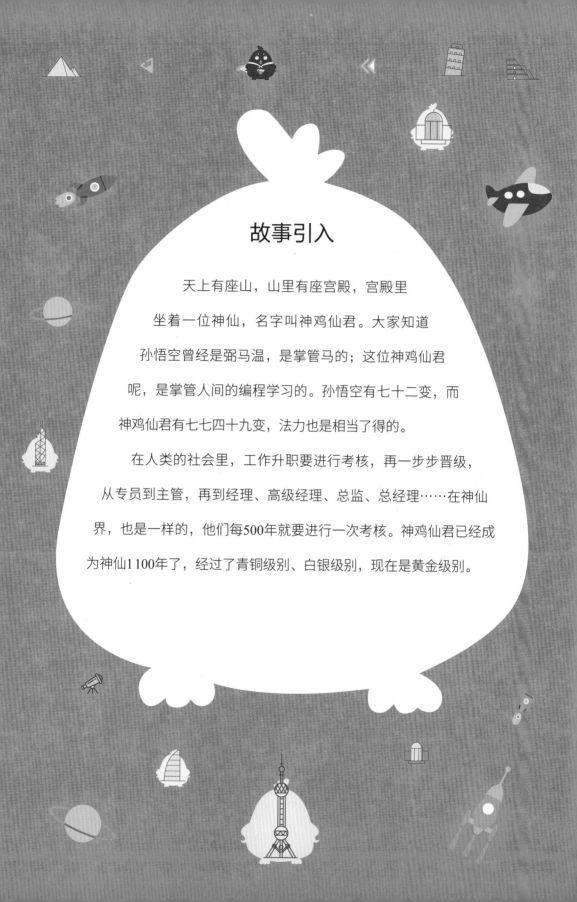

故事引入

天上有座山，山里有座宫殿，宫殿里坐着一位神仙，名字叫神鸡仙君。大家知道孙悟空曾经是弼马温，是掌管马的；这位神鸡仙君呢，是掌管人间的编程学习的。孙悟空有七十二变，而神鸡仙君有七七四十九变，法力也是相当了得的。

在人类的社会里，工作升职要进行考核，再一步步晋级，从专员到主管，再到经理、高级经理、总监、总经理……在神仙界，也是一样的，他们每500年就要进行一次考核。神鸡仙君已经成为神仙1100年了，经过了青铜级别、白银级别，现在是黄金级别。

按照规矩，他要再过400年，才能参加铂金考核。但考虑到神鸡仙君收集了14颗"妙算子"，并成功地拯救了鸡族和人类，考核规则做出了修改。

这次的考核，神鸡仙君要利用编程的力量，在地球15个地方参加15场挑战。于是，神鸡仙君又化身为申小吉，来到人间接受挑战。

目录

第十五章

袋鼠跑酷

戏曲脸谱

> 不要只是下载最新的应用程序，要帮助设计它；不要只是在手机上玩玩，要编写它的代码。
>
> ——奥巴马

贝拉克·奥巴马（Barack Obama），2008—2017年担任美国总统，是美国历史上第一位会编程的总统。在任期间，奥巴马在美国大力推广青少年编程教育。奥巴马认为："如果我们不做一些更好的选择，那么美国的领先优势将逐渐缩小。我们需要让孩子们参与数学和科学，不仅仅是一小部分孩子，而应该是所有人。所有人都应更早地学习如何编程。"2014年，奥巴马亲自编写了一段很简单的计算机代码，这段代码在屏幕上画出一个正方形。同时，奥巴马也鼓励自己的两个女儿——萨莎和玛莉亚学习编程。

中国戏曲与古希腊戏剧、印度梵剧并称为世界三大古老的戏剧。在中国戏曲中，演员脸上的绘画，就叫作脸谱。脸谱通常用来表现人物的性格和特征，一般分为4种：生、旦、净、丑。不同颜色的脸谱代表不同的性格特征，比如：红色脸谱象征忠义、耿直、有血性；黑色脸谱表示性格严肃、不苟言笑，代表猛智；白色脸谱大多表示性格奸诈多疑。以"三国戏"里的人物为例，关羽是红色脸谱，张飞是黑色脸谱，曹操是白色脸谱。

脸谱的颜色可以让观众一眼就看清人物的性格。在戏曲表演中，还有一种变脸的技术，用以表现人物情绪、心理状态的突然变化，达到"相随心变"的艺术效果。

申小吉怕自己记不住这些脸谱，于是利用编程做了一个项目来帮助自己记忆。

思维导图

项目规则

　　我们用中国戏曲脸谱来做一个竞猜游戏。在屏幕中间不断出现的随机切换的脸谱，最后会消失并且提问"最后的脸谱是？"玩家需要记住最后出现的脸谱，然后在5秒内点击不同的脸谱作答。回答正确或错误都会有相应的反馈，反馈完成后重启游戏。

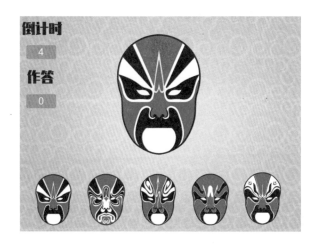

项目思维导图

场景 —— 中国元素背景

脸谱

角色

竞猜脸谱 —— 随机切换脸谱 15 次，然后隐藏并提问"最后的脸谱是？"

核对 —— 设置作答时间为 5 秒

5 秒后会确定回答是否正确并反馈结果

脸谱 1 —— 点击确定脸谱 1 为玩家作答

脸谱 2 —— 点击确定脸谱 2 为玩家作答

脸谱 3 —— 点击确定脸谱 3 为玩家作答

脸谱 4 —— 点击确定脸谱 4 为玩家作答

脸谱 5 —— 点击确定脸谱 5 为玩家作答

编程大作战

制作过程

角色1：竞猜脸谱

竞猜脸谱

🚩 步骤1：初始化。

要做一个可以不断循环玩的游戏，我们需要先做一个"开始游戏"的广播来启动游戏。

🚩 步骤2：创建游戏规则。

创建变量1"最后的脸谱"，记录竞猜脸谱的答案。

随机切换15次脸谱，然后记录最后出现的脸谱。

记忆时间：给玩家0.3秒的时间记住最后的脸谱。

最后切换为竞猜造型，提问"最后的脸谱是？"并广播"开始作答"。

继续 →

提示：
创建变量1"最后的脸谱"

记忆时间

角色2：核对

核对

继续 →

创建变量2"作答"，记录玩家的选择。

创建变量3"倒计时"，记录作答时间。

将"倒计时"设置为5，给玩家5秒的作答时间。

当"作答"等于"最后的脸谱"时，答案正确，说"很厉害，回答正确！"否则，答案错误，说"不好意思，回答错误！"

最后重启游戏。

```
当接收到 开始作答 ▼
将 作答 ▼ 设为 0          ← 提示：创建变量2"作答"
将 倒计时 ▼ 设为 5        ← 提示：创建变量3"倒计时"
重复执行 5 次
    等待 1 秒
    将 倒计时 ▼ 增加 -1
如果 作答 = 最后的脸谱 那么
    说 很厉害，回答正确！ 3 秒
否则
    说 不好意思，回答错误！ 3 秒
广播 开始游戏 ▼
```

角色3：脸谱1

脸谱1

将"作答"设置为脸谱1。

继续 →

角色4：脸谱2

将"作答"设置为脸谱2。

角色5：脸谱3

将"作答"设置为脸谱3。

继续 →

角色6：脸谱4

脸谱4

将"作答"设置为脸谱4。

角色7：脸谱5

脸谱5

将"作答"设置为脸谱5。

运行与调试

完成了上述操作，运行效果到底如何呢？点击 ▶，试玩一下，看看是否有问题。如果没问题，恭喜你又完成了一个Scratch作品；如果有问题，再看看上面的内容，比对积木以及积木里的参数来进行调试，直到自己满意为止。

如果调试有困难，可以添加老师的微信或者QQ获取帮助。

挑战自我

尝试改变游戏的难度，同学们想想该如何做呢？

当接收到 开始游戏 ▼

重复执行 15 次
    换成 在 1 和 5 之间取随机数 造型
    等待 0.1 秒

将 最后的脸谱 ▼ 设为 造型 编号 ▼

等待 0.3 秒

换成 竞猜 ▼ 造型

广播 开始作答 ▼

参考上图的红色框部分，即可完成挑战自我。

编程英语

英文	中文	英文	中文
mask	面具	color	颜色
Opera	戏曲	perform	表演

知识宝典

利用广播制作一个可以一直重复玩的游戏

创建一个名为"开始游戏"的广播来初始化游戏，当游戏结束后执行这个广播，从而达到可以重复玩游戏的目的。

利用条件判断制定游戏规则

当玩家的作答和最后的脸谱相同则挑战成功，不同则挑战失败。

利用变量记录游戏规则所需的数值

利用变量来记录数值，很多游戏的规则都是通过对比这些数值来制定的。

第二章

金字塔逃生

我们经常做的事情造就了我们。优秀不是一种行为，而是一种习惯。

——亚里士多德

亚里士多德（Aristotle，公元前384—前322年），古希腊人，世界古代史上伟大的哲学家、科学家和教育家，堪称古希腊哲学的集大成者。作为一位百科全书式的科学家，他几乎对每个学科都做出了贡献。他的写作涉及伦理学、形而上学、心理学、经济学、神学、政治学、修辞学、自然科学、教育学、诗歌、风俗以及雅典法律。亚里士多德的著作构建了西方哲学的第一个广泛系统，包含道德、美学、逻辑、科学、政治和玄学。马克思曾称亚里士多德是"古希腊哲学家中最博学的人物"，恩格斯称他是"古代的黑格尔"。他是柏拉图的学生，亚历山大的老师。

埃及金字塔是世界上最神秘的奇迹之一,经过几个世纪的研究,科学家仍然无法确定它们是如何建造的。大金字塔被认为是由胡夫法老建造的,是3座最有名的金字塔中最古老、最大的金字塔。大金字塔建造时的高度约为147米,相当于45层楼房的高度,是当时世界上最高的建筑。科学家推测,埃及人只使用木器以及绳索和滑轮,由2万名工人在20年内建造了这座金字塔。

在最近的研究中,科学家们发现了大金塔底层有一个巨大而神秘的隐藏室,但没有人知道里面藏有什么。申小吉奉命与一支探险队伍一起进去寻找未知的宝藏。可谁知,在他们探秘的过程中,一个队友不小心触发了金字塔里面复杂的机关。眼看隐藏室的门就要从里面关上了,如果不在门关上之前离开,申小吉他们就可能要被永远关在金字塔里,与木乃伊一起住了!究竟申小吉能不能带领队伍顺利地逃出来呢?

思维导图

项目规则

我们把这个故事做成一个迷宫游戏，玩家用鼠标控制考古学家从起点逃离到终点位置，中途不能碰到墙壁和一些机关。

项目思维导图

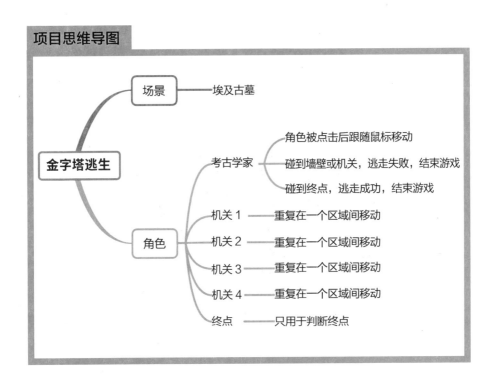

场景 —— 埃及古墓

金字塔逃生

考古学家
- 角色被点击后跟随鼠标移动
- 碰到墙壁或机关，逃走失败，结束游戏
- 碰到终点，逃走成功，结束游戏

角色
- 机关 1 —— 重复在一个区域间移动
- 机关 2 —— 重复在一个区域间移动
- 机关 3 —— 重复在一个区域间移动
- 机关 4 —— 重复在一个区域间移动

终点 —— 只用于判断终点

编程大作战

制作过程

角色1：考古学家

考古学家

🚩 步骤1：初始化。

给考古学家定一个起点。

🚩 步骤2：角色控制。

当角色被点击时，角色移动到鼠标指针（跟随鼠标移动）。

如果碰到浅橙色（墙壁的颜色）、机关1、机关2、机关3、机关4（多重条件判断），则逃走失败，并结束游戏。

如果碰到终点，则逃走成功，并结束游戏。

继续 →

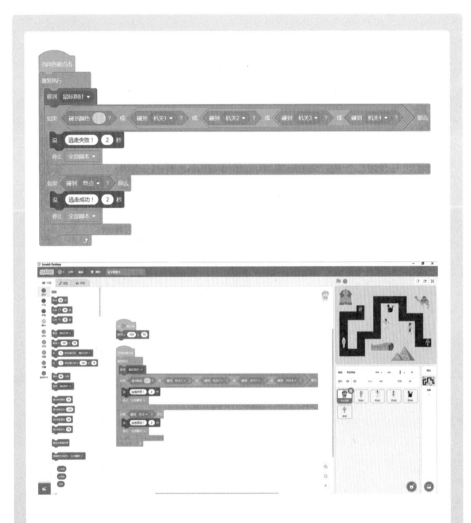

角色2：机关1

机关1

当游戏开始时，机关1移动到起点，然后重复在两个位置间来回移动。

继续 →

角色3：机关2

当游戏开始时，机关2移动到起点，然后重复在两个位置间来回移动。

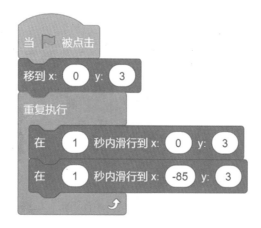

继续 →

角色4：机关3

机关3

当游戏开始时，机关3移动到起点，然后重复在两个位置间来回移动。

角色5：机关4

机关4

当游戏开始时，机关4移动到起点，然后重复在两个位置间来回移动。

继续 →

角色6：终点

终点

该角色没有脚本，只用于判断终点。

运行与调试

完成了上述步骤，运行效果到底如何呢？点击 ，试玩一下，看看是否有问题。如果没问题，恭喜你又完成了一个 Scratch作品；如果有问题，再看看上面的内容，比对积木以及积木里的参数来进行调试，直到自己满意为止。

如果调试有困难，可以添加老师的微信或者QQ获取帮助。

挑战自我

我们尝试设置更多的机关，让考古学家更难逃离金字塔吧！

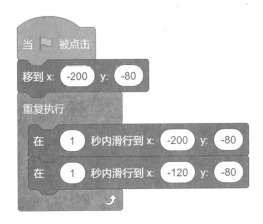

参考上图的代码即可完成挑战自我。

编程英语

英文	中文	英文	中文
mummy	木乃伊	pyramid	金字塔
maze	迷宫	treasure	宝藏

知识宝典

学会使用多重条件判断

很多时候，项目里有某个角色需要与多个角色进行碰撞判断，这时只需要使用多重条件判断即可，这样就不需要这个角色与每个角色之间单独做判断了。

学会制作简单的机关

利用来回移动或旋转制作简单的机关。

第三章

北极熊钓鱼

只有两种编程语言：一种是天天挨骂的，另一种是没人用的。

——本贾尼·斯特劳斯特卢普

本贾尼·斯特劳斯特卢普（Bjarne Stroustrup），1950年生于丹麦，1979年获得剑桥大学计算机科学博士学位。他是C++语言的设计者和实现者，被尊称为"C++语言之父"。他曾在贝尔实验室与"C语言之父"、1983年图灵奖得主丹尼斯·里奇（Dennis Ritchie）共事多年。1990年，他荣获《财富》杂志评选的"美国12位最年轻的科学家"称号。1993年，由于在C++领域的重大贡献，他成为ACM院士（ACM即国际计算机学会，是目前世界上最大的教育和科学计算协会，成为ACM院士是计算机个人成就的皇冠）。除了他的专业研究领域外，他还对历史、通俗文学、摄影、运动、旅行和音乐等有浓厚的兴趣。

北极在地球的最北端，是世界上最冷的地区之一。北极的冬天是漫长、寒冷而黑暗的。从每年的11月开始，北极会有接近半年时间完全看不见太阳，温度最低会降到零下50℃。

在这么寒冷的地方，生活着一种非常凶猛的动物——北极熊。北极熊的视力和听力与人类相当，但它们的嗅觉极为灵敏。我们平时都说狗鼻子灵敏，但其实，北极熊嗅觉的灵敏度是狗的7倍。北极熊奔跑时最快速度可以达到每小时60千米，是世界百米冠军的1.5倍。

随着全球平均气温的升高，北极周围冰层的融化速度加快，北极熊昔日的家园受到了破坏，它们找寻食物也越来越困难了。很多时候，为了觅食，它们不得不在海里游上大约100千米。漫长的海上寻食之旅导致它们精疲力竭、体温降低、抵抗力下降，如果不巧碰到海里的大风浪，它们就很容易在海里淹死。

为了帮助北极熊安全地寻找到食物，申小吉决定教会它们在冰层上钓鱼。

思维导图

项目规则

　　我们把这个故事做成一个钓鱼游戏，鱼会在5~15秒之间随机上钩，会挣扎1~2秒，玩家需要在鱼上钩的这段时间里，按空格键控制北极熊拉钩把鱼钓起来，不然鱼就会逃走了。

项目思维导图

北极熊钓鱼

场景 —— 北极的一个湖面上

角色

北极熊
- 按空格键控制北极熊拉钩
- 如果北极熊拉钩且鱼上钩了，则说"钓到鱼了"，并重启游戏
- 如果北极熊拉钩而鱼没上钩，则说"鱼走了，没钓到"，并重启游戏

鱼
- 在 5~15 秒之间随机上钩
- 上钩 1~2 秒之间随机逃走

编程大作战

制作过程

角色1：北极熊

北极熊

🚩 步骤1：初始化。

要做一个可以不断循环玩的游戏，我们需要先做一个"开始游戏"的广播来启动游戏。

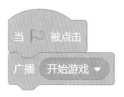

继续 →

步骤2：游戏控制和判断。

创建变量1"拉钩"，记录玩家是否拉钩。

拉钩=0，表示等待鱼上钩。

拉钩=1，表示鱼可能上钩了，拉起鱼钩看结果。

创建变量2"上钩？"记录鱼是否上钩。

上钩？=0，表示鱼没上钩。

上钩？=1，表示鱼上钩了。

按空格键改变北极熊的拉钩状态。

拉钩=1，上钩？=0，表示没钓到鱼，广播"鱼走了"。

拉钩=1，上钩？=1，表示钓到鱼了，广播"钓到鱼了"。

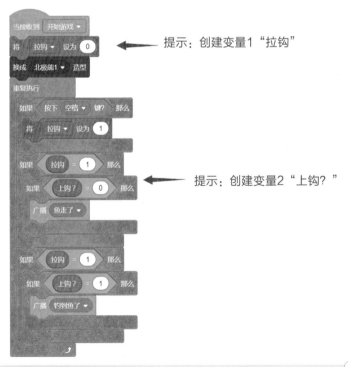

提示：创建变量1"拉钩"

提示：创建变量2"上钩？"

继续 →

▌ 步骤3：游戏结束。

当接收到广播"鱼走了"，改变造型并说"鱼走了，没钓到"并重启游戏。

当接收到广播"钓到鱼了"，改变造型并说"钓到鱼了"并重启游戏。

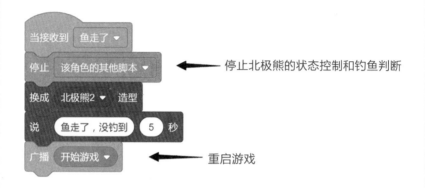

停止北极熊的状态控制和钓鱼判断

重启游戏

继续 →

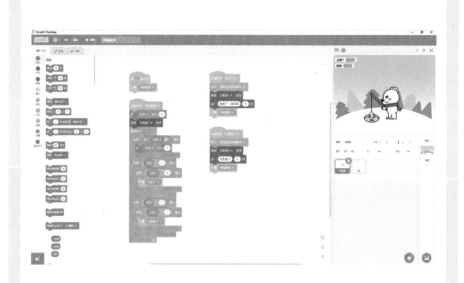

角色2：鱼

鱼

🚩 步骤1：创建游戏规则。

让鱼随机在5~15秒之间上钩，然后在1~2秒后快速游走，增加游戏的难度。

继续 →

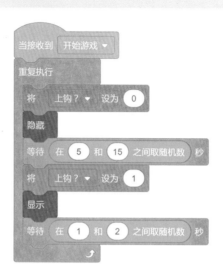

🚩 步骤2：游戏结束。

无论是接到广播"鱼走了"还是"钓到鱼了"，都让鱼停止继续上钩并游走。

继续 →

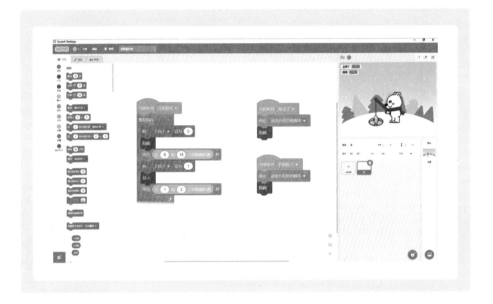

运行与调试

完成了上述操作，运行效果到底如何呢？点击 🚩 试玩一下，看看是否有问题？如果没问题，恭喜你又完成了一个Scratch作品；如果有问题，再看看上面的内容，比对积木以及积木里的参数来进行调试，直到自己满意为止。

如果调试有困难，可以添加老师的微信或者QQ获取帮助。

挑战自我

为了加深对游戏规则的理解，尝试根据自己的喜好，改变小鱼上钩的等待时间和挣扎时间，让小鱼更有个性吧。

当接收到 开始游戏 ▼

重复执行

　　将 上钩？ ▼ 设为 0

　　隐藏

　　等待 在 5 和 15 之间取随机数 秒

　　将 上钩？ ▼ 设为 1

　　显示

　　等待 在 1 和 2 之间取随机数 秒

参考上图的红色框部分，即可完成挑战自我。

提示：

1. 可以大胆地调整数值，看看会有怎样的效果。

2. 通过调整数值，更好地理解两个等待模块的作用。

编程英语

英文	中文	英文	中文
polar bear	北极熊	fish	鱼
fishing	钓鱼	snow	雪

知识宝典

利用广播制作一个可以一直重复玩的游戏

创建一个名为"开始游戏"的广播来初始化游戏，当游戏结束后执行这个广播，从而达到可以重复玩游戏的目的。

利用条件嵌套制定游戏规则

因为鱼在上钩后可能会挣扎逃走，也就是在北极熊拉钩的时候，我们需要确认鱼在不在。所以我们需要用到条件嵌套来确认北极熊是否成功钓到鱼。

利用变量记录游戏规则所需的数值

利用变量来记录数值，很多游戏的规则都是通过对比这些数值来制定的。

第四章

谁是森林之王

生命中最伟大的光辉不在于永不坠落，而是坠落后总能再度升起。

——纳尔逊·曼德拉

纳尔逊·曼德拉（Nelson Mandela），南非第一位黑人总统，世界最著名的精神领袖和政治领袖之一，20世纪最传奇的自由斗士，他是南非乃至全世界范围内追求公正、公平和尊严的化身，南非非洲人国民大会前主席。因多年来参与反对种族隔离制度的活动，曼德拉被监禁达27年之久。出狱后，曼德拉于1993年获诺贝尔和平奖；2004年被选为"最伟大的南非人"；自2010年起，联合国为表彰曼德拉对和平与自由做出的贡献，将其生日——7月18日定为"纳尔逊·曼德拉国际日"。

中国传奇乐队Beyond的经典歌曲《光辉岁月》就是为致敬曼德拉而作。

申小吉的下一个考核地点在非洲。他一抵达，就被送到一个人类从来没有发现的森林里。森林里的动物都纷纷围拢过来，好奇又害怕地往前一小步一小步挪动，想试探下申小吉。大象远远地把鼻子伸过来，小心地碰了一下申小吉的胳膊，然后摇晃下自己的大耳朵，跟旁边的动物说："不知道这是什么东西，长得好奇怪。"动物们议论纷纷，不知怎么办好。这时，犀牛说："我们应该派森林之王作为代表，上去跟他交涉。"其他动物连连点头表示同意，但不知道是谁提出了疑问："那谁是我们的森林之王啊？"这难倒大家了。

大象往前走了一大步，摆出力大无比的架势，用鼻子卷起地上的一块大石头，向远处扔去。大象说："我长得又高又壮，力量又大，我应该是森林之王。"犀牛不服气地说："一块石头而已，就说你的鼻子力气大了？看我的这根角，谁能抵挡住它的力量？"说罢，它冲向旁边一棵大树，锋利的牛角瞬间把大树劈开。其他动物都连连惊叹。这时，一头身长两米多的雄狮咆哮着从半山腰飞奔而来。这雄狮膘肥体壮，毛发蓬乱，用凶残的目光扫视着大家。大家连连后退。

申小吉也被吓出了一身冷汗。这一吓，倒让他灵机一动，他马上制止了大家的争辩："这样吧，既然我是森林里新来的动物，要不我当个裁判，用Scratch编程一个作品，帮你们判定出谁才是森林之王吧！"大家听了之后，一致表示赞同。于是，"谁是森林之王"的大赛就这样开始了。

思维导图

项目规则

　　我们把这个故事做成一个竞猜游戏。屏幕的左边和右边会随机出现不同的动物，玩家需要判断哪个动物更厉害并做出选择。当玩家做出选择后，系统会判断玩家选择是否正确并说出结果。

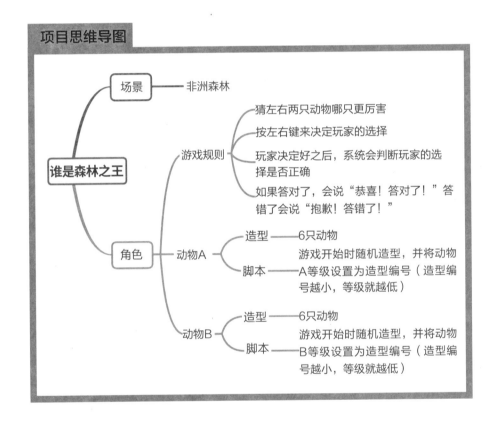

项目思维导图

谁是森林之王

- 场景 —— 非洲森林
- 游戏规则
  - 猜左右两只动物哪只更厉害
  - 按左右键来决定玩家的选择
  - 玩家决定好之后，系统会判断玩家的选择是否正确
  - 如果答对了，会说"恭喜！答对了！"答错了会说"抱歉！答错了！"
- 角色
  - 动物A
    - 造型 —— 6只动物
    - 脚本 —— 游戏开始时随机造型，并将动物A等级设置为造型编号（造型编号越小，等级就越低）
  - 动物B
    - 造型 —— 6只动物
    - 脚本 —— 游戏开始时随机造型，并将动物B等级设置为造型编号（造型编号越小，等级越低）

编程大作战

角色1：游戏规则

游戏规则

🚩 步骤1：初始化。

要做一个可以不断循环玩的游戏，我们需要先做一个"开始游戏"的广播来启动游戏。

🚩 步骤2：玩家控制。

创建变量1"选择"，记录玩家的选择。

选择=0，代表玩家还没选择。

选择=1，代表玩家选择左边的动物。

选择=2，代表玩家选择右边的动物。

用键盘左键和右键来确定玩家的选择。

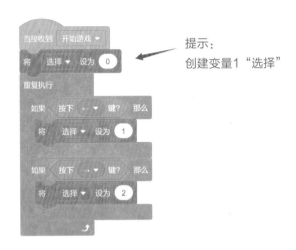

提示：
创建变量1"选择"

步骤3：游戏判断。

创建变量2"动物A等级"，记录动物A。动物A等级的数值越高，动物就越厉害。

创建变量3"动物B等级"，记录动物B。动物B等级的数值越高，动物就越厉害。

分别给选择 1 和选择 2 做判断结果。

当选择 1，动物A等级比动物B等级高时，广播"答对了"，否则广播"答错了"。

当选择 2，动物B等级比动物A等级高时，广播"答对了"，否则广播"答错了"。

最后加一个特殊情况，就是动物A等级等于动物B等级时，直接重新开始游戏。

继续 →

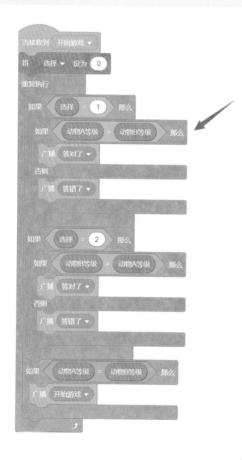

提示：
创建变量2"动物A等级"
创建变量3"动物B等级"

🚩 步骤4：游戏结束。

给广播"答对了"和"答错了"做一些反馈信息。

首先，停止该角色的其他脚本，避免游戏不断重复选择和重复判断。

接着，写一些相对应的反馈信息。

最后，重启游戏。

继续 →

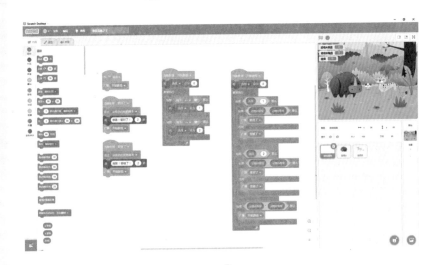

继续 →

角色2：动物A

动物A

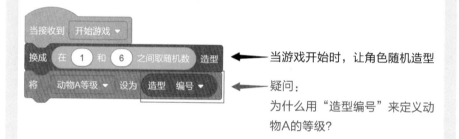

当游戏开始时，让角色随机造型

疑问：
为什么用"造型编号"来定义动
物A的等级？

角色3：动物B

动物B

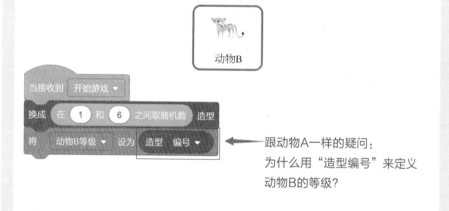

跟动物A一样的疑问：
为什么用"造型编号"来定义
动物B的等级？

继续 →

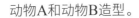
动物A和动物B造型。

我们打开造型一看，原来因为"造型编号"越大，动物就越厉害，等级也越高

运行与调试

完成了上述操作，运行效果到底如何呢？点击 🏳 试玩一下，看看是否有问题。如果没问题，恭喜你又完成了一个Scratch作品；如果有问题，再看看上面的内容，比对积木以及积木里的参数来进行调试，直到自己满为止。

如果调试有困难，可以添加老师的微信或者QQ获取帮助。

挑战自我

增加动物A和动物B同等级的选择和判断，让游戏更完整吧！

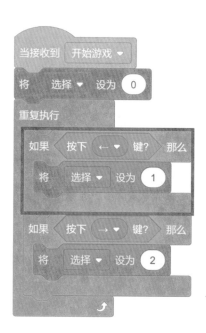

继续 →

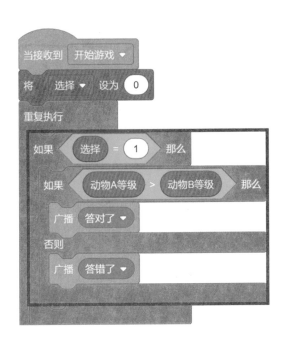

参考上图的红色框部分，即可完成挑战自我。

编程英语

英文	中文	英文	中文
hippo	河马	**zebra**	斑马
buffalo	水牛	**rhinoceros**	犀牛
leopard	豹	**lion**	狮子

知识宝典

 利用广播制作一个可以一直重复玩的游戏

创建一个广播来初始化游戏，当游戏结束后执行这个广播，从而达到可以重复玩游戏的目的。

 利用条件嵌套制定游戏规则

当玩家选择好答案时，需要判断答案是否正确，所以我们需要利用条件嵌套来判断玩家的答案是否正确，并给出相应的反馈信息。

 利用变量记录游戏规则所需的数值

利用变量来记录数值，很多游戏的规则都是通过对比这些数值来制定的。

第五章

超人大战钢铁侠

仰天大笑出门去，我辈岂是蓬蒿人。

——李白

李白（701—762），字太白，号"青莲居士"，又号"谪仙人"，是唐代伟大的浪漫主义诗人，被后人誉为"诗仙"。后世将李白与杜甫并称为"李杜"。李白的诗以抒情为主，善于从民歌、神话中汲取营养素材，构成其特有的瑰丽绚烂的色彩，是屈原以后中国最为杰出的浪漫主义诗人，代表中国古典积极浪漫主义诗歌的新高峰。李白存世诗文千余篇，有《李太白集》传世。

美国人民最近在激烈争辩一个问题：当怪兽真的来临时，我们要先派出超人还是钢铁侠？

超人的支持者很激动地说："超人是美国的第一位超级英雄，肯定要先派出他！每次在人类陷入危机的时刻，他便穿上蓝色紧身衣，披上红色斗篷，化身超人行侠仗义，拯救人类。他的飞行速度比子弹还要快，力量比火车头还要大，纵身一跃便能越过高楼。超人还能发动冲击波，这个必杀技一定可以把怪兽干掉！"

钢铁侠的粉丝则表示反对，他们说："超人已经过时了。现在应该是科技的时代，是钢铁侠的时代。众所周知，钢铁侠是科学界公认的天才发明家。他的钢铁战衣就是自己发明出来的，并且还在不断进行升级，可以应对怪兽的各种招式。并且，钢铁侠的必杀攻击武器——由戴着手套的掌心发射出的冲击光束，肯定能把怪兽置于死地。"

这场争辩持续了很久，双方都不肯让步。最后，美国政府只好请申小吉进行裁判。申小吉说："这个还需要争那么久吗？让钢铁侠和超人比赛就可以啦！"

思维导图

项目规则

我们把这个故事做成一个对战游戏：一个玩家控制超人，一个玩家控制钢铁侠，互相攻击对方和躲避对方的攻击，谁的得分先到100分即可获胜。

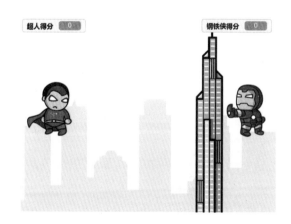

项目思维导图

场景 —— 纽约上空

超人大战钢铁侠

建筑物
- 让建筑物不断从屏幕右边出现，移动到屏幕左边消失
- 每次建筑物出现都会切换下一个造型

角色

超人
- 按w、s键控制超人上下移动
- 按g键发起攻击
- 设置超人得100分时广播"超人胜利"

钢铁侠
- 按↑、↓键控制钢铁侠上下移动
- 按→键发起攻击
- 设置钢铁侠得100分时广播"钢铁侠胜利"

胜利界面
- 当接收到"超人胜利"的广播时，切换超人胜利造型，并停止游戏
- 当接收到"钢铁侠胜利"的广播时,切换钢铁侠胜利造型，并停止游戏

编程大作战

制作过程

角色1：建筑物

建筑物

让建筑物重复出现在屏幕右边，每次出现都切换下一个造型，一直往左边移动，直到移动到屏幕外面。（这样就会让人感觉钢铁侠和超人一直在天空中飞）

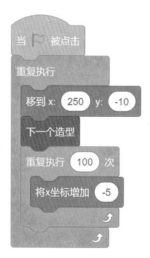

继续 →

角色2：超人

超人

🚩 步骤1：角色控制。

按w键让角色往上移动，按s键让角色往下移动，按g键发起攻击，攻击持续0.5秒，攻击结束后恢复正常状态。

继续 →

步骤2：创建游戏规则。

创建变量1"超人得分"，记录超人的攻击得分。

如果超人造型=2（攻击状态），碰到钢铁侠，超人得分会增加1分。

直到超人得分=100时，广播"超人胜利"。

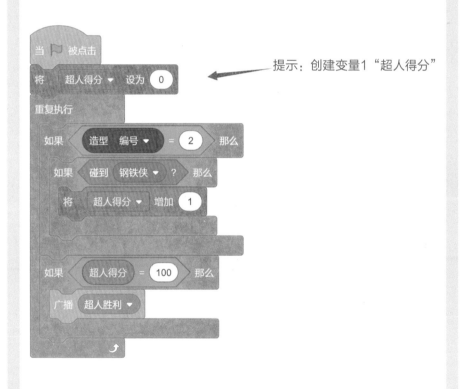

提示：创建变量1"超人得分"

继续 →

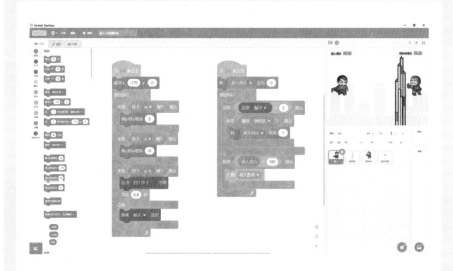

角色3：钢铁侠

钢铁侠

🚩 **步骤1：角色控制。**

按↑键让角色往上移动，按↓键让角色往下移动，按→键发起攻击，攻击持续0.5秒。攻击结束后恢复正常状态。

继续 →

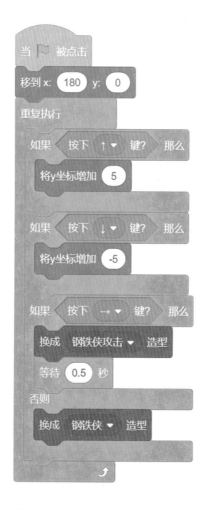

继续 →

步骤2：创建游戏规则。

创建变量2"钢铁侠得分"，记录钢铁侠的攻击得分。

如果钢铁侠造型=2（攻击状态），碰到超人，钢铁侠得分会增加1分。

钢铁侠得分=100时，广播"钢铁侠胜利"。

提示：创建变量2"钢铁侠得分"

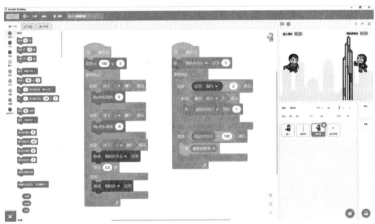

角色4：胜利界面

获胜者
钢铁侠~

胜利界面

继续 →

步骤1：初始化。

游戏开始时，让角色隐藏。

步骤2：游戏结束。

当接收到"超人胜利"时，切换成"超人胜利"造型，显示并停止"全部脚本"。

当接收到"钢铁侠胜利"时，切换成"钢铁侠胜利"造型，显示并停止"全部脚本"。

继续 →

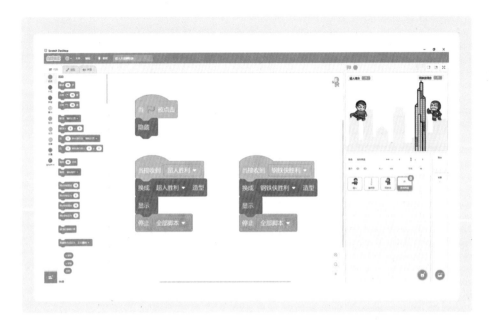

运行与调试

完成了上述操作，运行效果到底如何呢？点击  试玩一下，看看是否有问题。如果没问题，恭喜你又完成了一个Scratch作品；如果有问题，再看看上面的内容，比对积木以及积木里的参数来进行调试，直到让自己满意为止。

如果调试有困难，可以添加老师的微信或者QQ获取帮助。

挑战自我

尝试修改超人或钢铁侠的攻击时长和得分，让其中一方更加强大、更容易胜利，改完后记得叫上小伙伴试试，让他们看看谁才是游戏的主人。

```
当 ▶ 被点击
移到 x: 180 y: 0
重复执行
  如果 按下 ↑▼ 键? 那么
    将y坐标增加 5

  如果 按下 ↓▼ 键? 那么
    将y坐标增加 -5

  如果 按下 →▼ 键? 那么
    换成 钢铁侠攻击▼ 造型
    等待 0.5 秒
  否则
    换成 钢铁侠▼ 造型
```

继续 →

当 ⚑ 被点击

将 钢铁侠得分 ▼ 设为 0

重复执行

如果 造型 编号 ▼ = 2 那么

如果 碰到 超人 ▼ ? 那么

将 钢铁侠得分 ▼ 增加 1

如果 钢铁侠得分 = 100 那么

广播 钢铁侠胜利 ▼

参考上图的红色框部分，即可完成挑战自我。

编程英语

英文	中文	英文	中文
superman	超人	iron man	钢铁侠
monster	怪物	laser	激光

知识宝典

 利用相对运动的原理制作飞行的效果

我们让建筑物不断地从屏幕最右边出现移动到屏幕的最左边消失，这样能达到让玩家感觉超人和钢铁侠在飞行（一般游戏都用这样的方式来表现角色移动的效果）。

 学会设置分数系统和制作胜负结果

利用变量记录得分，给游戏设置胜负评分标准，并做出相应的胜负结果，制作一个完整的游戏。

第六章

明日之后

> 我花了 17 年又 114 天的时间才一鸣惊人。
>
> ——梅西

里奥·梅西（Lionel Messi），1987年6月24日出生于阿根廷圣菲省罗萨里奥市，阿根廷足球运动员，司职前锋，现效力于巴塞罗那足球俱乐部。他迄今已获得4个欧冠冠军、8个西甲冠军在内的30多个冠军头衔。梅西本人的个人荣耀更是无可指摘，他以6次获得世界足球先生力压C罗的5次，成为历史第一人。11岁时，梅西被诊断出患有侏儒症，这会阻碍他的骨骼生长，使他无法长高，很多俱乐部拒绝支付医疗费用。但梅西用不懈的努力赢得了所有人的尊重。

自从《釜山行》播出之后，韩国陷入了恐慌之中，他们担心病毒末世最终会来临——病毒会使人类变异死亡，之后，人类受病毒驱使又自行复生，成为一个个丧尸。这些丧尸成群结队，行动缓慢，丧失理智，一旦接触到幸存者，就能快速把他们传染，变为自己的同类。为此，韩国政府向申小吉求救，希望他能研发出对抗丧尸的方法，以便当"明日之后"成为现实的时候，他们可以渡过难关。

　　申小吉在检索了所有关于丧尸的记录之后发现，普通的子弹并不能伤害到丧尸，必须用火烧才能消灭它们。于是，他帮助韩国政府研发出了便捷式的喷火枪。韩国政府也派出了特种兵来测试喷火枪的使用效果。

思维导图

项目规则

我们把这个故事做成一个生存游戏，玩家控制特种兵兰博躲避随机出现的僵尸的攻击，并且需要完成任务：杀死30个僵尸。如果任务完成，宣布游戏胜利；否则任务失败，兰博会被僵尸感染。

项目思维导图

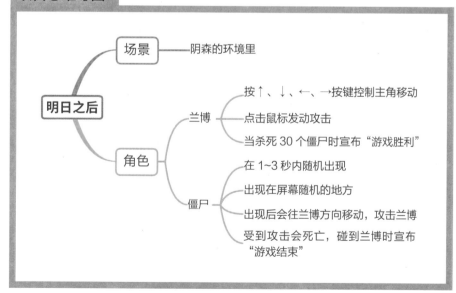

编程大作战

制作过程

角色1：兰博

兰博

🚩 步骤1：角色控制。

设置↑、↓、←、→按键控制角色移动。

设置点击鼠标发动攻击。

解答疑问1：

这里设置等待0.5秒主要是为了让僵尸做攻击判定。

（同学们可以设置不同数值来看看有什么改变）

继续 →

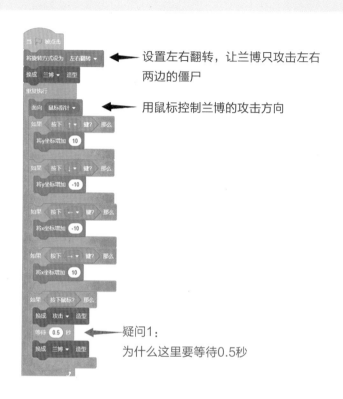

设置左右翻转，让兰博只攻击左右
两边的僵尸

用鼠标控制兰博的攻击方向

疑问1：
为什么这里要等待0.5秒

步骤2：创建游戏规则。

创建变量1"杀死僵尸"，记录僵尸的死亡数。

当杀死僵尸数值=30时，广播"游戏胜利"。

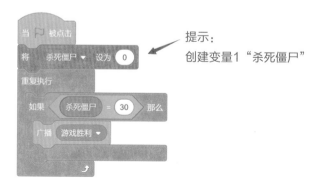

提示：
创建变量1"杀死僵尸"

继续 →

▌ 步骤3：游戏结束。

当接收到"游戏胜利"时，停止角色控制和攻击，并说："任务完成！"

当接收到"游戏失败"时，停止角色控制和攻击。

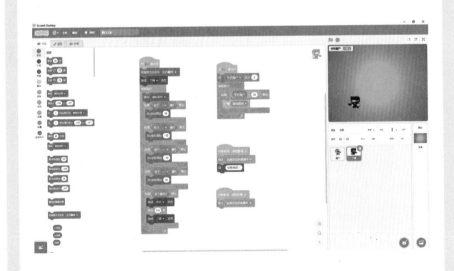

继续 →

角色2：僵尸

僵尸

🚩 步骤1：克隆僵尸。

先把克隆主体的僵尸隐藏。

游戏开始时，每隔1~3秒随机克隆僵尸。

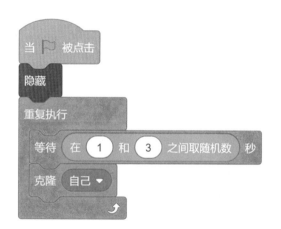

🚩 步骤2：僵尸控制。

当克隆僵尸时，僵尸随机出现在屏幕的任何位置上。

解答疑问2：

让僵尸等待1秒再行动，不然很容易攻击到兰博。

僵尸行动时，会不断地向兰博移动。

继续 →

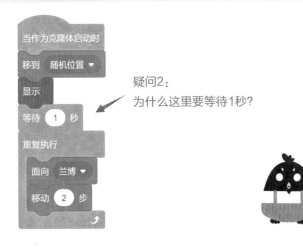

疑问2：
为什么这里要等待1秒?

▌ 步骤3：创建游戏规则。

当僵尸碰到火焰时，僵尸死亡，将杀死僵尸数增加1。

如果碰到兰博则广播"游戏失败"。

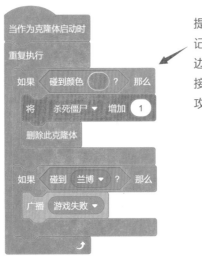

提示：
记得点选颜色，选择吸取火焰
边缘的颜色，而不是随机选择
接近的颜色，不然会无法判断
攻击是否成功。

▌ 步骤4：游戏结束。

当接收到"游戏胜利"时，停止角色控制和攻击。

继续 →

当接收到"游戏失败"时，停止角色控制和攻击，并说"你已经死了"。

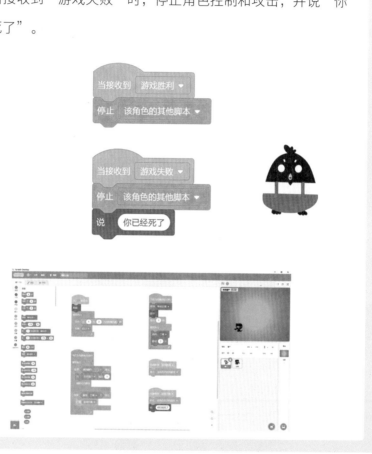

运行与调试

完成了上述操作，运行效果到底如何呢？点击 🚩 试玩一下，看看是否有问题？如果没问题，恭喜你又完成了一个Scratch作品；如果有问题，再看看上面的内容，比对积木以及积木里的参数来进行调试，直到自己满意为止。

如果调试有困难，可以添加老师的微信或者QQ获取帮助。

挑战自我

我们尝试改变游戏规则，添加更多僵尸角色（2个以上），然后让僵尸在不同的地方出现，再来追杀感染兰博。

参考上图的红色框部分，即可完成挑战自我。

编程英语

英文	中文	英文	中文
zombie	僵尸	special forces	特种兵
infect	感染	flamethrower	喷火枪

知识宝典

学会利用不同方式作为游戏判断条件

这个项目的攻击判断，采用碰到火焰的边缘橙色的方式来判断，让僵尸碰到这个火焰的边缘就判定受到攻击了，这样我们就不需要再多做一个火焰的角色来做碰撞判断了。

学会给游戏设置胜负条件

尝试给不同的游戏设置不一样的胜负条件，给玩家一个完整的游戏体验。

第七章

垃圾分类

科学技术是第一生产力。

——邓小平

邓小平（1904—1997），四川广安人。早年赴欧洲勤工俭学，是全国各族人民公认的享有崇高威望的卓越领导人，伟大的革命家、政治家、军事家、外交家，中国社会主义改革开放和现代化建设的总设计师，中国特色社会主义道路的开创者，邓小平理论的主要创立者。他所倡导的"改革开放"及"一国两制"政策理念，改变了20世纪后期的中国，也影响了世界。因此，在1978年和1985年，邓小平曾两次当选《时代》杂志"年度风云人物"。

新加坡虽是东南亚的一个小岛国，但却是亚洲最富有的国家之一。新加坡还是个十分适宜居住的城市，曾被评为亚洲最干净的国家。在这个小小的国度，居民都很爱护他们的家园，爱护城市的环境。新加坡政府倡导垃圾分类。在新加坡，垃圾通常分为可回收垃圾和不可回收垃圾两类。其中，可回收垃圾包括纸张、塑料、玻璃、易拉罐等，这些都可以统一放在专门的可回收垃圾桶或环保袋中，而厨余垃圾等其他垃圾则另放。

　　申小吉来到新加坡后，对于人类这么爱护地球环境的行为，表示很敬佩。刚好他这次的任务就是学习新加坡垃圾分类的方法。请帮帮他吧！

思维导图

项目规则

我们把申小吉的任务做成一个反应游戏。不同类别的垃圾会从输送带的右边输送到左边的垃圾分类器进行分类，玩家用↑、↓、←、→键改变垃圾分类器的垃圾分类。如果垃圾分类正确，垃圾会消除；如果分类错误，会提示这种垃圾应该属于哪一类。

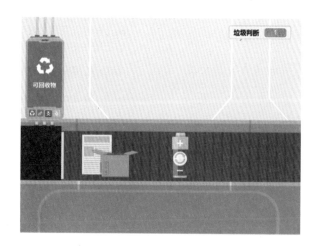

项目思维导图

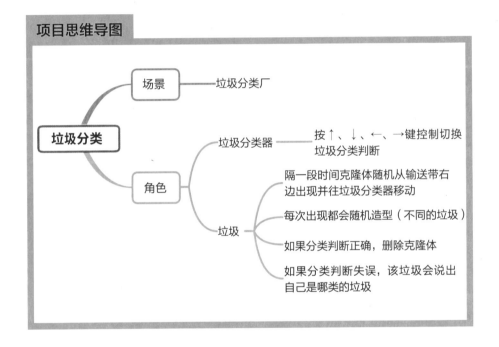

- 垃圾分类
  - 场景 —— 垃圾分类厂
  - 角色
    - 垃圾分类器 —— 按 ↑、↓、←、→ 键控制切换垃圾分类判断
    - 垃圾
      - 隔一段时间克隆体随机从输送带右边出现并往垃圾分类器移动
      - 每次出现都会随机造型（不同的垃圾）
      - 如果分类判断正确，删除克隆体
      - 如果分类判断失误，该垃圾会说出自己是哪类的垃圾

编程大作战

制作过程

角色1：垃圾分类器

垃圾分类器

🚩 步骤1：角色控制。

创建变量"垃圾判断"，记录玩家的判断。

垃圾判断=1，代表可回收物。

垃圾判断=2，代表厨余垃圾。

垃圾判断=3，代表有害垃圾。

垃圾判断=4，代表其他垃圾。

设置按↑、↓、←、→键改变垃圾判断。

继续 →

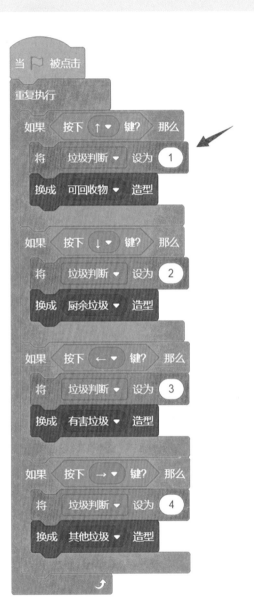

提示：创建变量"垃圾判断"

继续 →

步骤2：游戏结束。

当接收到"结束游戏"时，停止角色控制。

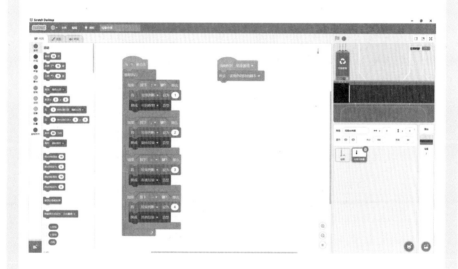

角色2：垃圾

垃圾

继续 →

步骤1：克隆垃圾。

先把克隆主体的垃圾隐藏。

游戏开始时，每0.5~2秒随机克隆垃圾。

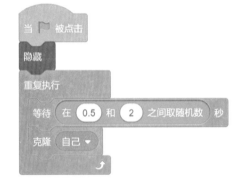

步骤2：角色控制。

每次克隆体产生都会有随机造型，从输送带的最右边出现并一直往左边移动。

继续 →

步骤3：创建游戏规则。

当克隆体碰到垃圾分类器时，如果垃圾判断和垃圾类别相同，删除克隆体。否则，广播"结束游戏"，并且让垃圾说出自己的类别。

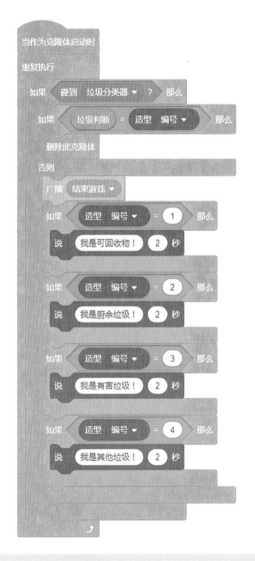

继续 →

步骤4：游戏结束。

当接收到"结束游戏"时，停止角色产生、控制和判断。

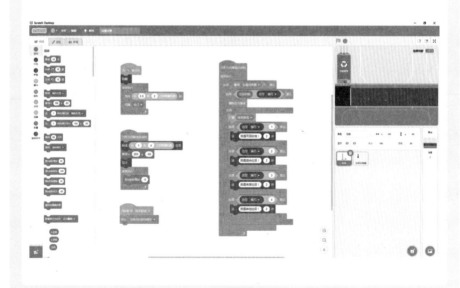

运行与调试

完成了上述操作，运行效果到底如何呢？点击  试玩一下，看看是否有问题。如果没问题，恭喜你又完成了一个Scratch作品；如果有问题，再看看上面的内容，比对积木以及积木里的参数来进行调试，直到自己满意为止。

如果调试有困难，可以添加老师的微信或者QQ获取帮助。

挑战自我

　　尝试增加更多的垃圾和垃圾判断，让垃圾分类器能处理更多种类的垃圾。

左侧脚本：

当作为克隆体启动时
换成 在 1 和 4 之间取随机数 造型
移到 x: 250 y: -50
显示
重复执行
　将x坐标增加 -5

右侧脚本：

当作为克隆体启动时
重复执行
　如果 碰到 垃圾分类器 ▼ ? 那么
　　如果 垃圾判断 = 造型 编号 ▼ 那么
　　　删除此克隆体
　　否则
　　　广播 结束游戏 ▼
　　　如果 造型 编号 ▼ = 1 那么
　　　　说 我是可回收物！ 2 秒
　　　如果 造型 编号 ▼ = 2 那么
　　　　说 我是厨余垃圾！ 2 秒
　　　如果 造型 编号 ▼ = 3 那么
　　　　说 我是有害垃圾！ 2 秒
　　　如果 造型 编号 ▼ = 4 那么
　　　　说 我是其他垃圾！ 2 秒

　　参考上图的红色框部分，添加更多的造型并修改数值，即可完成挑战自我。

编程英语

英文	中文	英文	中文
carton	纸盒	fishbone	鱼骨
battery	电池	garbage	垃圾

知识宝典

利用条件嵌套制定游戏规则

当垃圾碰到垃圾分类器时，需要利用条件嵌套来判断玩家的答案是否正确，并做出相应的反馈。

利用变量记录游戏规则所需的数值

利用变量来记录数值，很多游戏的规则都是通过对比这些数值来制定的。

第八章

特工训练

我视察俄罗斯军队的时候不需要带保镖。

——普京

弗拉基米尔·普京（1952—），俄罗斯总统，清华大学名誉博士。曾4次出任总统，3次出任总理。执政期间，整体提升了苏联解体后的俄罗斯的国际地位，在对内外政策方面偏强硬，被认为是一位"铁腕总统"。1975年，普京毕业于列宁格勒大学法律系后加入苏联特工组织——克格勃。当政后先后开飞机灭火、飞镖捕鲸、开F1赛车、开坦克、赤裸上身骑马，展示了硬汉形象，被美国《时代》《福布斯》杂志评选为世界最有影响力人物。

申小吉之前听天庭的好哥们说过人间间谍战的故事，虚虚实实，真真假假，很是惊心动魄。但俄罗斯总统曾经是特工的身份对申小吉来说很特别。他翻阅了《人间数据库》得知了更多细节。俄罗斯硬汉总统——普京，大学毕业第二年就完成了苏联特工组织的特工训练，成为一名著名的克格勃，两年后进入列宁格勒情报机关机要部门。他在此部门4年后，又在莫斯科的克格勃学校学习1年，随后被克格勃派遣到民主德国，执行间谍任务，收集当时联邦德国的经济情报，直到两德统一。后来，普京被人赏识，一步步走入政坛。

　　申小吉这一次的任务是担任特工队教官，编一个程序来训练特工们的枪法和反应。

思维导图

我们把申小吉训练特工的任务做成一个射击游戏，每隔几秒会产生一个靶子，靶子出现后会移动一段距离然后消失。如果靶子在移动的过程中没有被枪打中，训练失败。当靶子被枪打中时，得分加10分；满200分，完成训练。

项目思维导图

特工训练

- 背景 —— 射击训练场
- 角色
  - 瞄准器
    - 随着鼠标移动
    - 当按下鼠标时，进行射击
  - 靶子
    - 每隔几秒会产生一个靶子
    - 靶子会出现在屏幕随机位置
    - 出现在屏幕中心左边的靶子会往右边移动 180 步后消失
    - 出现在屏幕中心右边的靶子会往左边移动 180 步后消失
    - 如果靶子在移动的过程中没有被枪打中，训练失败
    - 当靶子被枪打中时，得分加 10 分；满 200 分，完成训练

编程大作战

制作过程

角色1：瞄准器

瞄准器

▶ 步骤1：角色控制。

创建变量1"射击"，记录射击的判断。

射击=1，代表发射子弹。

射击=0，代表没发射子弹。

让瞄准器一直跟随着鼠标移动。当按下鼠标时，发射子弹。

接着等待0.1秒，把射击状态设置为0，让射击判断更接近真实射击。

继续 →

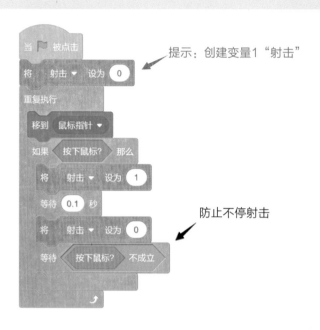

提示：创建变量1 "射击"

防止不停射击

■ 步骤2：游戏结束。

当接收到 "训练失败" 时，停止角色控制。

当接收到 "完成训练" 时，停止角色控制，说："恭喜！你已经完成训练了！"

继续 →

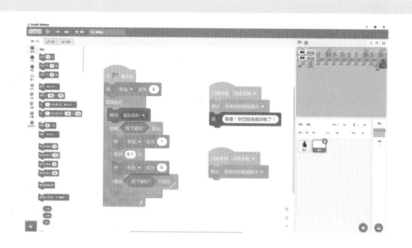

角色2：靶子

靶子

🚩 步骤1：初始化。

创建变量2"得分"，记录得分情况。

隐藏角色，游戏开始时，每隔1~3秒随机克隆靶子。

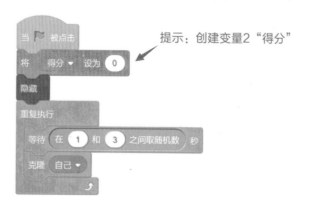

提示：创建变量2"得分"

继续 →

🏁 步骤2：角色控制。

屏幕内产生：每次克隆体会产生在屏幕内随机位置。

如果克隆体产生在屏幕中心的右边，就会往左边移动180步。如果克隆体在这180步中没有被击中，说："训练失败！请继续训练！"广播"训练失败"。

如果克隆体产生在屏幕中心的左边，就会往右边移动180步。如果克隆体在这180步中没有被击中，说："训练失败！请继续训练！"广播"训练失败"。

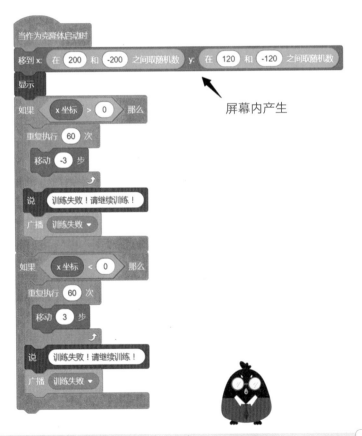

屏幕内产生

继续 →

步骤3：游戏规则。

当克隆体碰到瞄准器时，如果射击=1，得分增加10，删除克隆体。如果得分=200，广播"完成训练"。

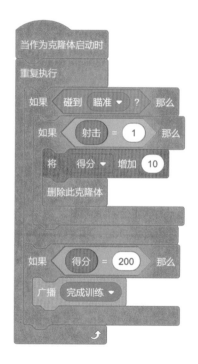

步骤4：游戏结束。

当接收到"训练失败"时，停止角色产生、控制和判断。

当接收到"完成训练"时，停止角色产生、控制和判断。

继续 →

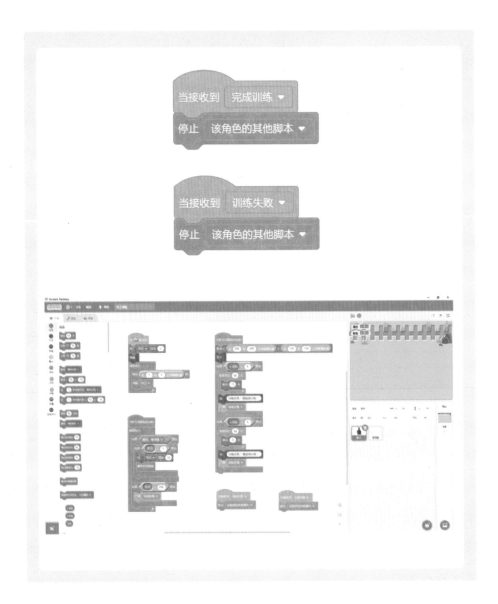

运行与调试

完成了上述操作，运行效果到底如何呢？点击 试玩一下，看看是否有问题。如果没问题，恭喜你又完成了一个Scratch作品；如果有问题，再看看上面的内容，比对积木以及积木里的参数来进行调试，直到自己满意为止。

如果调试有困难，可以添加老师的微信或者QQ获取帮助。

挑战自我

尝试增加需要多次攻击的靶子，让游戏的趣味性和难度都有相应的增加。

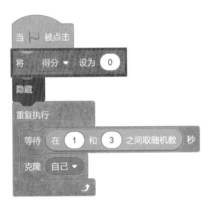

参考上图的红色框部分，即可完成挑战自我。

编程英语

英文	中文	英文	中文
target	靶子	shooting	射击
special agent	特工	training	训练

知识宝典

利用条件嵌套制定游戏规则

当靶子碰到瞄准器时，我们需要利用条件嵌套来判断玩家是否射击成功，并做出相应的反馈。

学会设置分数系统和制作胜负结果

利用变量记录得分，给游戏设置胜负评分标准，并给出相应的胜负结果，制作一个完整的游戏。

第九章

如果没有努力，天赋一无是处。

——克里斯蒂亚诺·罗纳尔多

克里斯蒂亚诺·罗纳尔多（Cristiano Ronaldo），中国球迷称其为"C罗"。1985年出生于葡萄牙，先后效力于曼联、皇马、尤文图斯等豪门球队，是当今足坛与梅西并列的全球最顶尖的"足坛双子星"之一。C罗曾3次荣获世界足球先生，2次荣获FIFA金球奖，3次荣获欧洲金球奖。2016年率葡萄牙国家队击败大热门法国队，夺得欧洲杯冠军。

C罗出生于葡萄牙的一户低收入家庭，但凭借严格的自律、刻苦的努力，成为足坛巨星，激励了成千上万人。

巴西是一个热爱足球的国度。巴西足球是巴西人文化生活的主流，足球是运动，但更是文化。每当联赛或重大国内国际比赛进行时，巴西人常常举家前往观战，整个城市空无一人，而赛场人山人海。巴西几乎人人都是球迷，他们笑称"不会足球、不懂足球的人是当不上巴西总统的，也得不到高支持率"。巴西人认为，足球理应位列世界文化遗产之林。他们把足球称为"大众运动"，无论是在海滩上，还是在城市的街头巷尾，都有人踢球。即使是在贫民窟，穷人家的孩子也光着脚把塞满纸的袜子当球踢。

　　2014年，象征足球界最高荣誉并具有最高知名度和最大影响力的足球赛事——世界杯（FIFA World Cup），时隔64年再次回到"足球王国"——巴西，全球收看电视转播的观众超过35亿。身处如此热闹的场景中，申小吉品尝了一口薄荷鸡尾酒，心想：如果诗仙李白在，肯定会喝着鸡尾酒挥毫泼墨，我作为编程界的"编仙"，自然要以世界杯为背景露一手。

思维导图

项目规则

　　我们和申小吉一起做一个踢球游戏，守门员会在球门内不断左右移动防守射门，射球角度会不断在-30度到30度之间移动，按空格键确定射球方向，足球会按照这个方向踢出去，碰到球门则射门成功，碰到守门员则射门失败。

项目思维导图

背景 —— 足球场

决胜时刻

射门方向 ——
游戏开始时，射门角度会在 -30 度到 30 度之间不断移动

按空格键确定射球方向和广播"射球"

角色

足球 ——
当接收到"射球"时，会按照角度确定的方向踢出足球

如果射进球门，广播"踢进球门"

如果碰到守门员，广播"没踢进"

守门员 ——
守门员会在球门内不断地左右移动

当接收到"没踢进"和"踢进球门"时，做出相应的反馈

球门 —— 只用于判断是否踢进球，没脚本

编程大作战

制作过程

角色1：射球方向

射球方向

🚩 步骤1：初始化。

初始化角色位置。

让射球方向在球的后面，不要挡住球。

要做一个可以不断循环玩的游戏，我们需要先做一个"开始游戏"的广播来启动游戏。

继续 →

🚩 步骤2：创建游戏规则。

创建变量"角度"，记录射球角度。

让角色面向"角度"的方向移动。

如果按空格键，让方向不再移动，并广播"射球"。

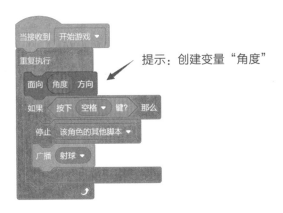

提示：创建变量"角度"

🚩 步骤3：角色控制。

将"角度"初始值设置在-30度到30度之间的随机数

当"角度"小于30度时，让"角度"隔0.01秒增加4度，直到角度大于30度。

当"角度"大于-30度时，让"角度"隔0.01秒增加-4度，直到角度小于-30度。

继续 →

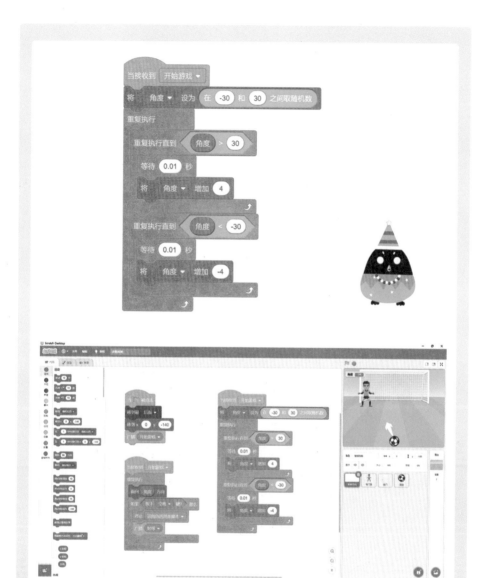

角色2：足球

足球

继续 →

步骤1：角色判断。

初始化角色位置。

当碰到球门时，广播"踢进球门"。

当碰到守门员时，广播"没踢进"。

步骤2：角色控制。

当接收到"射球"时，让足球面向"角度"的方向移动360步。

继续 →

步骤3：游戏结束。

当接收到"没踢进"时，停止角色判断和控制。

当接收到"踢进球门"时，停止角色判断和控制。

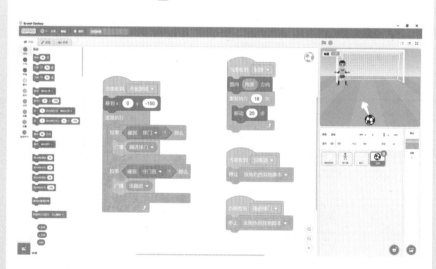

继续 →

角色3：守门员

守门员

🚩 步骤1：角色控制。

让守门员的初始位置设置在x坐标的-130到130之间的随机数。

当x坐标小于130时，让x坐标隔0.01秒增加20，直到x坐标大于130。

当x坐标大于-130时，让x坐标隔0.01秒增加-20，直到x坐标小于-130。

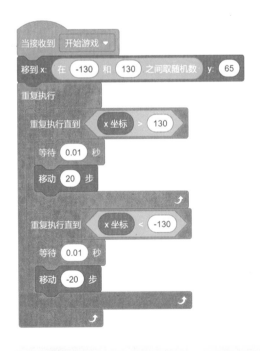

继续 →

步骤2：游戏结束。

当接收到"没踢进"时，停止角色控制，说"加油~再来一次！"并重启游戏。

当接收到"踢进球门"时，停止角色控制，说"厉害~踢进球门了！"并重启游戏。

继续 →

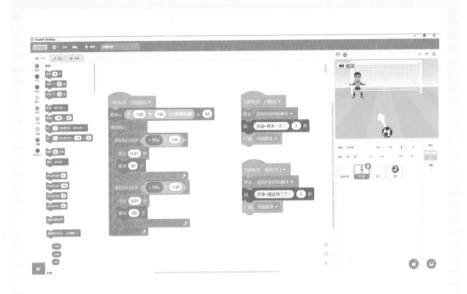

角色4：球门

球门

该角色没有脚本，只用于判断是否射门成功。

运行与调试

　　完成了上述操作，运行效果到底如何呢？点击 🚩 试玩一下，看看是否有问题？如果没问题，恭喜你又完成了一个Scratch作品；如果有问题，再看看上面的内容，比对积木以及积木里的参数来进行调试，直到自己满意为止。

　　如果调试有困难，可以添加老师的微信或者QQ获取帮助。

挑战自我

尝试增加更多的守门员或修改守门员的移动速度，改变游戏的难度。

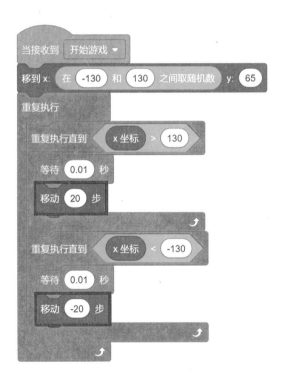

参考上图的红色框部分，即可完成挑战自我。

编程英语

英文	中文	英文	中文
angle	角度	football	足球
goalkeeper	守门员	goal	球门

知识宝典

利用广播制作一个可以一直重复玩的游戏

创建一个广播来初始化游戏，当游戏结束后执行这个广播，从而达成可以重复玩游戏的目的。

利用变量记录游戏规则所需的数值

利用变量来记录数值，很多游戏的规则都是通过对比这些数值来制定的。

第十章

> 爱自己是一个人浪漫一生的开端。
>
> ——奥斯卡·王尔德

奥斯卡·王尔德（Oscar Wilde，1854—1900），出生于爱尔兰都柏林，19世纪最伟大的作家与艺术家之一，莎士比亚之后，英国最伟大的语言大师。奥斯卡·王尔德以其剧作、诗歌、童话和小说闻名，是唯美主义代表人物，19世纪80年代美学运动的主力和19世纪90年代颓废主义的先驱。

在哈利·波特的故事中，魔法学校霍格沃茨有4个学院：拉文克劳、赫奇帕奇、斯莱特林、格兰芬多。4个学院各有千秋，每个巫师都为自己学院的荣誉而奋斗。这天，魔法学校举办学院间的魁地奇比赛。刚来到英国的申小吉被派去参加这次比赛，而且他担当的是跟哈利·波特一样的角色——找球手。找球手的任务是要捉住那个带有银色翅膀的小金球——"金色飞贼"。"金色飞贼"飞得像闪电一样快。一旦捉到它，就能赢得比赛了。申小吉眼看就能追上"金色飞贼"的时候，伏地魔不断释放不同的魔法球来阻挡申小吉，不让他捉到"金色飞贼"。请帮助申小吉绕开这些魔法球，平稳地向前飞吧！

思维导图

项目规则

　　我们把这个故事做成一个躲避游戏。玩家控制哈利·波特躲开迎面而来的魔法球，哈利·波特会受到一股魔法引力不断往下掉，玩家点击空格键来维持哈利·波特的飞行，魔法球会随机从屏幕右边飞过来攻击哈利·波特。如果哈利·波特碰到魔法球或掉到屏幕下方边缘，游戏结束。如果躲开了魔法球，加10分；满200分，游戏胜利。

项目思维导图

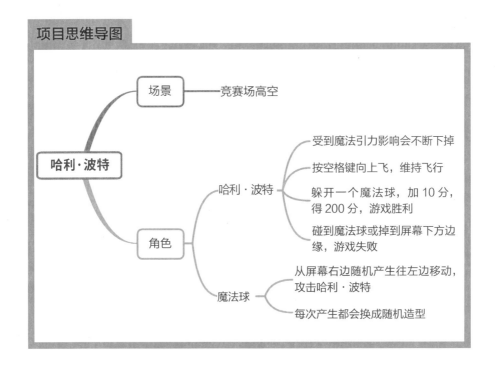

场景 —— 竞赛场高空

哈利·波特

角色

哈利·波特
- 受到魔法引力影响会不断下掉
- 按空格键向上飞，维持飞行
- 躲开一个魔法球，加10分，得200分，游戏胜利
- 碰到魔法球或掉到屏幕下方边缘，游戏失败

魔法球
- 从屏幕右边随机产生往左边移动，攻击哈利·波特
- 每次产生都会换成随机造型

编程大作战

制作过程

角色1：哈利·波特

哈利·波特

🚩 步骤1：创建游戏规则。

创建变量1"魔法引力"，记录哈利·波特的下掉速度。

创建变量2"得分"，记录哈利·波特的得分情况。

初始化位置：让每次游戏开始时，哈利·波特都在屏幕左边中间的位置。

将y坐标增加"魔法引力"，设置"魔法引力"为-0.5（魔法引力为负数，哈利·波特就会往下掉）。

设置按空格键就会往上飞一下，如果得分等于200，说"我赢了！"广播"结束游戏"。

如果碰到魔法球或掉到屏幕下方边缘，说"我输了！"并广播"结束游戏"。

继续 →

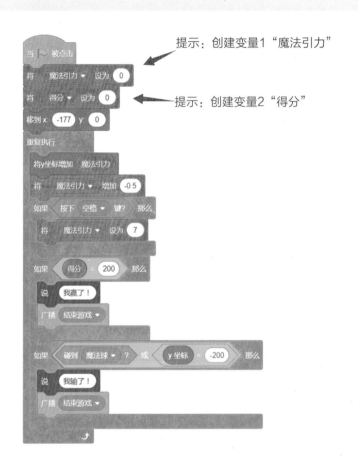

提示：创建变量1"魔法引力"

提示：创建变量2"得分"

步骤2：游戏结束。

当接收到"结束游戏"时，停止角色控制和游戏判断。

继续 →

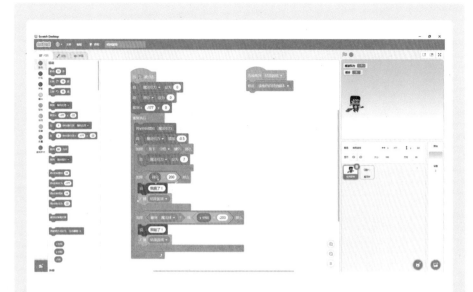

角色2：魔法球

魔法球

🚩 步骤1：初始化。

隐藏魔法球主体，随机在1~3秒内克隆主体。

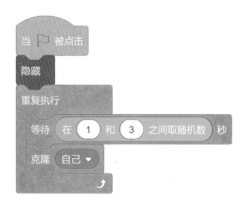

继续 →

■ 步骤2：角色控制。

当收到克隆魔法球时，魔法球在屏幕最右边随机高度出现，每次都会随机出现造型。

然后让魔法球一直往左边移动直到x坐标小于-240。

最后离开屏幕，将得分增加10分，删除魔法球克隆体。

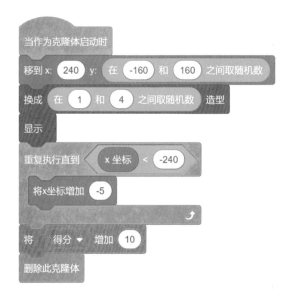

■ 步骤3：游戏结束。

当接收到"结束游戏"时，停止角色克隆和移动。

继续 →

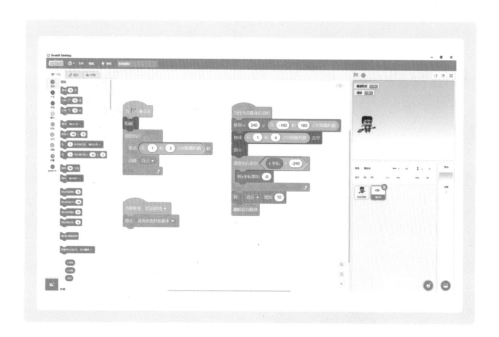

运行与调试

完成了上述操作，运行效果到底如何呢？点击 🚩 试玩一下，看看是否有问题。如果没问题，恭喜你又完成了一个 Scratch作品；如果有问题，再看看上面的内容，比对积木以及积木里的参数来进行调试，直到自己满意为止。

如果调试有困难，可以添加老师的微信或者QQ获取帮助。

挑战自我

我们把魔法引力改成浮力，让哈利·波特不断地往上飞，而我们需要控制他往下飞，来保持平衡。

```
当 🏳 被点击
将 魔法引力 ▼ 设为 0
将 得分 ▼ 设为 0
移到 x: -177 y: 0
重复执行
    将 y 坐标增加 魔法引力
    将 魔法引力 ▼ 增加 -0.5
    如果 按下 空格 ▼ 键? 那么
        将 魔法引力 ▼ 设为 7

    如果 得分 = 200 那么
        说 我赢了！
        广播 结束游戏 ▼

    如果 碰到 魔法球 ▼ ? 或 y 坐标 < -200 那么
        说 我输了！
        广播 结束游戏 ▼
```

参考上图的红色框部分，即可完成挑战自我。

编程英语

英文	中文	英文	中文
Harry Potter	哈利·波特	magic ball	魔法球
wizard	巫师	college	学院

知识宝典

利用变量来实现地心引力效果

其实，魔法引力就是地心引力。我们分析地心引力的特性，通过让变量不断减少来模拟地心引力。很多项目都会使用变量来完成对某些物理现象的模拟。

学会给游戏设置胜负条件

尝试给不同的游戏设置不一样的胜负条件，给玩家一个完整的游戏体验。

第十一章

李小龙传奇 ·········

> 我绝不会说我是天下第一，可是我也绝不会承认我是第二。
>
> ——李小龙

李小龙（Bruce Lee，1940—1973），师承叶问，武术哲学家、武术宗师、MMA（综合格斗）之父、截拳道创始人、功夫片的开创者、好莱坞首位华人主角。他在香港的4部半功夫电影3次打破多项纪录，其中《猛龙过江》打破了亚洲电影票房纪录，与好莱坞合作的《龙争虎斗》全球总票房达2.3亿美元。1993年，美国发行李小龙逝世20周年纪念钞票，好莱坞大道铺上李小龙纪念星徽；同年，李小龙获香港电影金像奖大会颁发的"终身成就奖"。1998年11月，获中国武术协会颁发的"武术电影巨星奖"。

李小龙是中国著名的演员。他年少时期在香港生活，是咏春拳宗师叶问的门生，并且参与演出20多部香港电影。其中，他主演的《精武门》《猛龙过江》《龙争虎斗》及《死亡游戏》等4部动作电影震撼了整个影坛，而且迅速在国际上声名鹊起。他的咏春拳、连环飞踢、截拳道等技术在武术界受到了广泛认可。可以说，李小龙发挥他的武术魅力，带领中国电影冲出亚洲，走向世界。

　　有一天，申小吉发现每个街道都有不少恶霸在扰乱市民和商家，觉得不能继续这样袖手旁观了，必须要严惩这些恶霸。这次，申小吉面临的挑战是要重现李小龙的武术，把恶霸击倒。

思维导图

项目规则

我们把这个故事做成一个动作游戏。街道会出现恶霸来攻击李小龙，玩家用←、→键控制李小龙来攻击左右两边过来的恶霸。

项目思维导图

场景 ——— 香港街道

李小龙传奇

李小龙 ——— 按←、→键控制李小龙攻击恶霸

角色

恶霸随机从左右两边出现并且会走过来攻击李小龙

恶霸 ——— 受到攻击会死亡，然后重新随机从两边出现

如果碰到李小龙并且没受到攻击，会说"你失败了"，然后重启游戏

编程大作战

制作过程

角色1：恶霸

恶霸

🚩 步骤1：初始化。

要做一个可以不断循环玩的游戏。我们需要先做一个"开始游戏"的广播来启动游戏。

先把角色隐藏。

继续 →

步骤2：角色控制。

创建变量1"恶霸出现"，设置恶霸出现的位置。

恶霸每次出现时会在4种造型中选择随机造型。

如果恶霸出现=1，恶霸会从左边出现走过来攻击李小龙。

如果恶霸出现=2，恶霸会从右边出现走过来攻击李小龙。

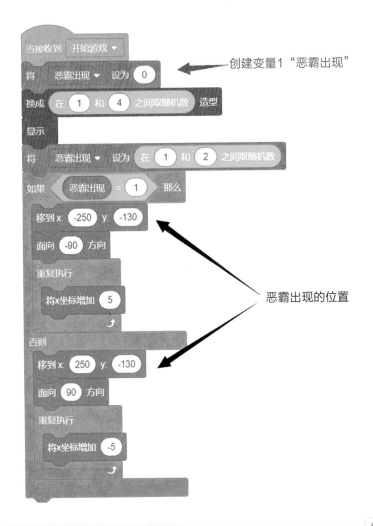

创建变量1"恶霸出现"

恶霸出现的位置

继续 →

步骤3：攻击判断。

创建变量2"李小龙攻击"，记录李小龙的攻击方向。

李小龙攻击=1，代表攻击左边。

李小龙攻击=2，代表攻击右边。

当恶霸碰到李小龙，如果恶霸出现和李小龙攻击相等时，攻击成功，击退恶霸，重启游戏；否则，攻击失败，结束游戏。

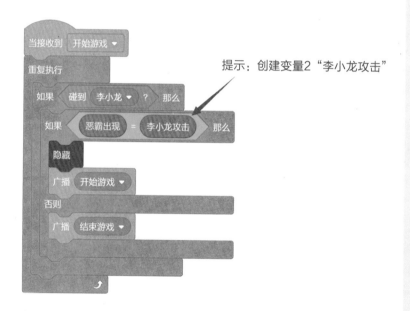

步骤4：游戏结束。

当接收到"结束游戏"时，停止恶霸出现和移动，并且说"你失败了"，等待3秒后重启游戏。

继续 →

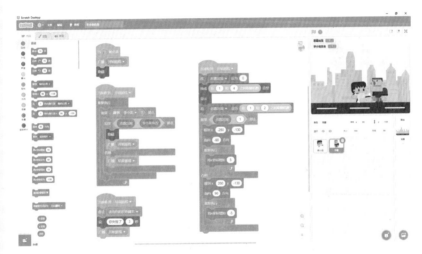

角色2：李小龙

李小龙

继续 →

步骤1：角色控制。

当按←键时，切换左攻击造型，攻击左边过来的恶霸。

攻击判断为0.2秒，也就是在0.2秒内攻击的效果是存在的，0.2秒后恢复正常状态。

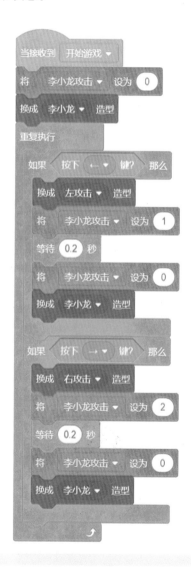

继续 →

步骤2：游戏结束。

当接收到"结束游戏"时，停止李小龙的控制。

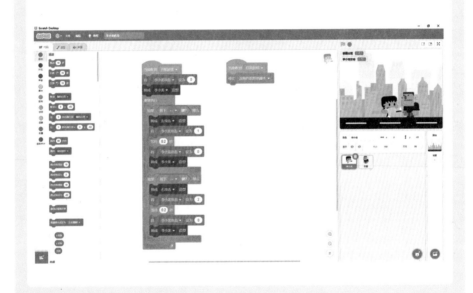

运行与调试

完成了上述步骤，运行效果到底如何呢？点击 试玩一下，看看是否有问题。如果没问题，恭喜你又完成了一个 Scratch 作品；如果有问题，再看看上面的内容，比对积木以及积木里的参数来进行调试，直到自己满意为止。

如果调试有困难，可以添加老师的微信或者 QQ 获取帮助。

挑战自我

尝试一下给李小龙加上移动控制，让游戏变得更有趣吧！

```
当接收到  开始游戏 ▼
将  李小龙攻击 ▼  设为  0
换成  李小龙 ▼  造型
重复执行
    如果  按下  ← ▼  键?  那么
        换成  左攻击 ▼  造型
        将  李小龙攻击 ▼  设为  1
        等待  0.2  秒
        将  李小龙攻击 ▼  设为  0
        换成  李小龙 ▼  造型

    如果  按下  → ▼  键?  那么
        换成  右攻击 ▼  造型
        将  李小龙攻击 ▼  设为  2
        等待  0.2  秒
        将  李小龙攻击 ▼  设为  0
        换成  李小龙 ▼  造型
```

参考上图的红色框部分，增加角色的移动控制即可完成挑战自我。

编程英语

英语	中文	英语	中文
Bruce Lee	李小龙	evildoer	坏人
citizen	市民	street	街道

知识宝典

利用广播制作一个可以一直重复玩的游戏

创建一个广播来初始化游戏，当游戏结束后执行这个广播，从而达成可以重复玩游戏的功能。

利用条件嵌套制定游戏规则

当恶霸碰到李小龙时，需要利用条件嵌套判断玩家攻击的方向和恶霸出现的方向是否一致，并做出相应的反馈。

利用变量让坏人从不同方向出现

利用变量让坏人随机从左右两侧出现开攻击李小龙。

第十二章

泰拳王

凡不能杀死你的，最终将让你更强大。

——尼采

尼采（Friedrich Wilhelm Nietzsche，1844—1900），德国哲学家、语言学家、文化评论家、诗人、作曲家、思想家。尼采被认为是西方现代哲学的开创者，他的著作对宗教、道德、现代文化、哲学以及科学等领域提出了广泛的批判和讨论。他的写作风格独特，经常使用格言和悖论的技巧。主要著作有《权力意志》《查拉图斯特拉如是说》等。

在泰国，除了咖喱是被传播到世界各地的特产以外，泰拳也是世界闻名。

　　泰拳是世界十大武术之一。其他的九大武术中，中国历史悠久的少林功夫被誉为所有武术的起源。少林功夫以禅学为主，练习内容极为广泛。其他几种分别是日本的空手道、忍术、合气道，韩国的跆拳道，美国的聚气道，以色列的格斗术，菲律宾的卡利武术，以及巴西的柔术。

　　泰拳拳法和西洋拳击中的拳法基本一致，分为直拳、勾拳、摆拳等，但泰拳腿法非常刁钻凶狠且组合模式多变。申小吉这次的任务是要把泰拳的拳法和腿法都掌握熟练，并且参加"泰拳王"争霸赛。要知道，在真正的比赛中，如果参赛者技术不过关，可是很容易受伤的。因此，申小吉邀请了一位朋友和自己分别扮演拳王和拳霸进行训练。

思维导图

我们把这个故事做成一个条件反应类游戏。玩家控制拳王格挡训练师的招式，训练师会突然发出攻击，拳王需要在2秒内做出一样的招式格挡攻击，格挡成功或失败都会有相应的判断。

项目思维导图

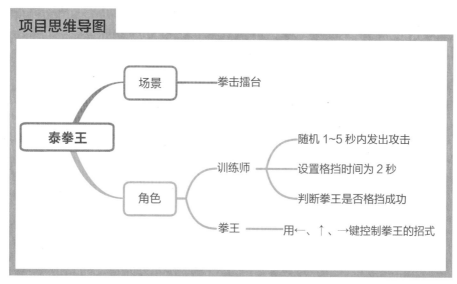

编程大作战

制作过程

角色1：训练师

训练师

🚩 步骤1：初始化。

要做一个可以不断循环玩的游戏，我们需要先做一个"开始游戏"的广播来启动游戏。

🚩 步骤2：角色控制。

创建变量1"判断时间"，记录格挡攻击的有效时间。

当判断时间=0时，让训练师随机在1~5秒内发出攻击（攻击的招式就是2~4的造型），并广播"开始格挡"。

继续 →

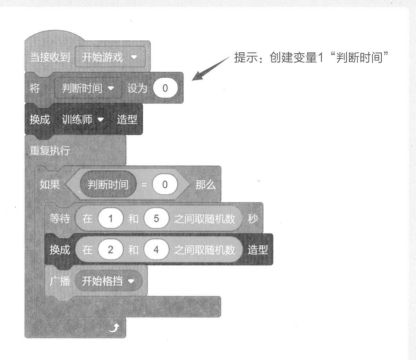

提示：创建变量1"判断时间"

步骤3：设置判断时间。

设置2秒的判断时间，让玩家做出格挡招式。

继续 →

🚩 步骤4：结果判断。

创建变量2"格挡招式"来记录拳王的招式。

当判断时间>0，判断开始倒数时，拳王做出格挡招式了，就开始判断是否格挡成功。

如果格挡招式等于训练师的招式，则格挡成功。训练师会说"厉害！"并重启游戏。

如果格挡招式不等于训练师的招式，则格挡失败。训练师会说"加油！再来一次"，并重启游戏。

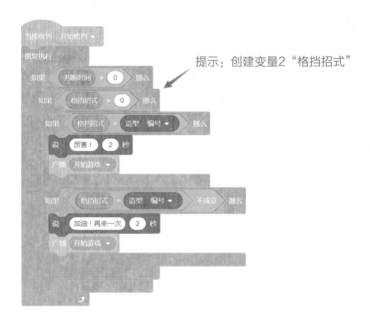

提示：创建变量2"格挡招式"

继续 →

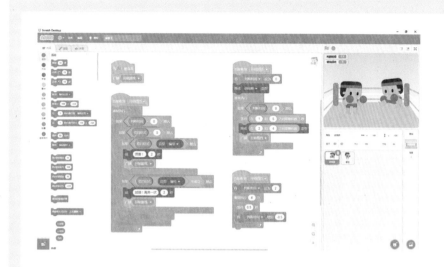

角色2：拳王

拳王

步骤1：初始化。

初始化拳王的设置。

继续 →

步骤2：角色控制。

按←键控制拳王使出直拳招式格挡。

按↑键控制拳王使出飞腿招式格挡。

按→键控制拳王使出踢腿招式格挡。

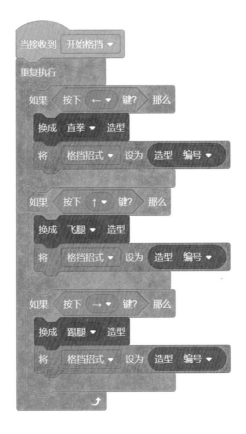

继续 →

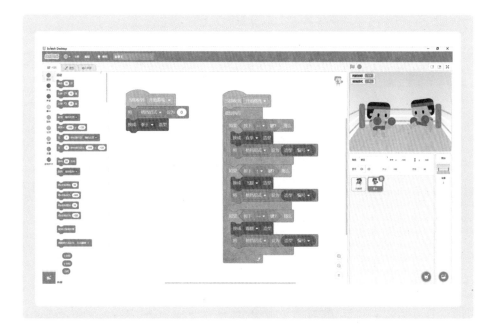

运行与调试

　　完成了上述操作，运行效果到底如何呢？点击 🚩 试玩一下，看看是否有问题。如果没问题，恭喜你又完成了一个Scratch作品；如果有问题，再看看上面的内容，比对积木以及积木里的参数来进行调试，直到自己满意为止。

　　如果调试有困难，可以添加老师的微信或者QQ获取帮助。

挑战自我

尝试改变训练师的判断时间数值，调整出你想要的训练难度吧！

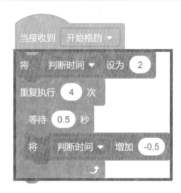

参考上图的红色框部分，即可完成挑战自我。

编程英语

英文	中文	英文	中文
boxing	拳击	trainer	训练师
punch	直拳	kick	踢

知识宝典

利用多重条件嵌套制定游戏规则

为了让格挡判断在训练师出招后才做判定，我们需要用到三重条件嵌套来做判断。先确定是否开始格挡，再判断玩家是否出招式了，最后判断玩家是否格挡成功。

利用变量记录游戏规则所需的数值

利用变量来记录数值，很多游戏的规则都是通过对比这些数值来制定的。

第十三章

忍者疾风传

在受苦处绽放。

——铃木大拙

铃木大拙（1870—1966），世界禅学权威，日本著名禅宗研究者与思想家。曾任东京帝国大学讲师、大谷大学教授、美国哥伦比亚大学客座教授等职。熟悉西方近代哲学、心理学等方面的成就。多次到美国和欧洲各国教学、演讲。晚年赴中国进行佛教实地考察。铃木大拙把禅学与科学、神秘主义相联系，用英文写了大量有关禅宗的著作，在西方思想界引起了强烈反响，使得西方世界开始对东方佛教产生兴趣，也刺激了东方人对佛教的再度关注。全球编程圈热读的《禅与摩托车维修艺术》就是西方人对东方禅宗产生兴趣之后撰写的图书。

在人间接受考核的申小吉突然接到一个紧急任务：一个想要投毒杀害人类的外星人，在接受了特殊"忍术训练"之后已经潜入了日本，准备执行任务。申小吉要化身忍者，与他决一死战。

　　忍者是日本传统的特战杀手。他们在剑术、箭术、马术、柔术、脚功、身体平衡、放毒镖等方面都有一流的水平。忍者通常都穿深蓝色或深紫色的衣服。因为这种接近夜空颜色的着装能让忍者比较不容易被别人发现。在手套与绑腿处，通常都藏着一些暗器，比如飞镖。飞镖主要依靠锐利的角杀伤敌人，杀伤力有限，所以忍者会在它的每个角上都涂上剧毒，这样，在飞镖刺中敌人时，毒药就会通过伤口快速渗入敌人的身体，从而让他毒发身亡。这一次，申小吉就打算用飞镖这种暗器把敌人消灭。

思维导图

项目规则

我们把这个故事做成一个反应游戏。玩家控制忍者用飞镖攻击远方追来的敌人，敌人会先从远处移动躲开攻击，接着会在近处移动躲开攻击。如果这两次移动都成功躲开了，敌人就会把忍者杀死，游戏结束。

项目思维导图

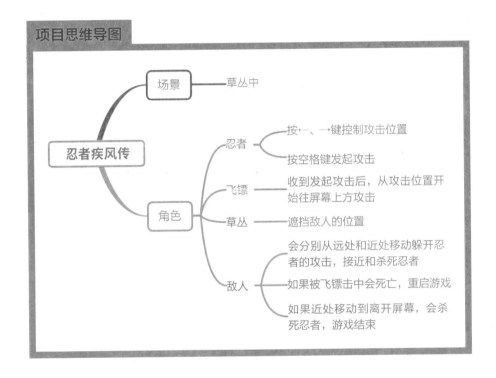

编程大作战

制作过程

角色1：忍者

忍者

🚩 **步骤1：初始化。**

要做一个可以不断循环玩的游戏，我们需要先做一个"开始游戏"的广播来启动游戏。

🚩 **步骤2：角色控制。**

创建变量1"攻击位置"，记录飞镖攻击的初始位置。

设置按←、→键控制忍者的移动。

设置按空格键发起攻击。

继续 →

　　记录攻击位置：将攻击位置设为发起攻击时的x坐标，让飞镖从忍者手里飞出去。

　　发出攻击：克隆飞镖，让飞镖接收克隆事件。

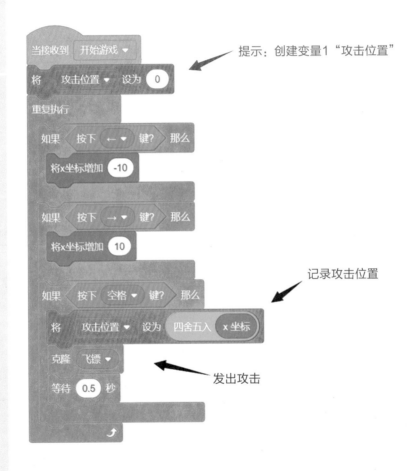

提示：创建变量1"攻击位置"

记录攻击位置

发出攻击

🚩 步骤3：游戏结束。

　　当接收到"游戏结束"时，停止角色控制和攻击。

继续 →

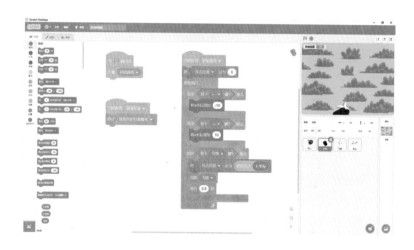

角色2：飞镖

飞镖

🚩 步骤1：角色初始化。

隐藏飞镖主体，当收到克隆时再出现。

继续 →

步骤2：发起攻击。

当收到克隆飞镖时，将飞镖移动到x坐标“攻击位置”上，也就是忍者的手里。

然后重复18次增加y坐标，让飞镖从下往上飞过去。

最后离开屏幕，删除飞镖克隆体。

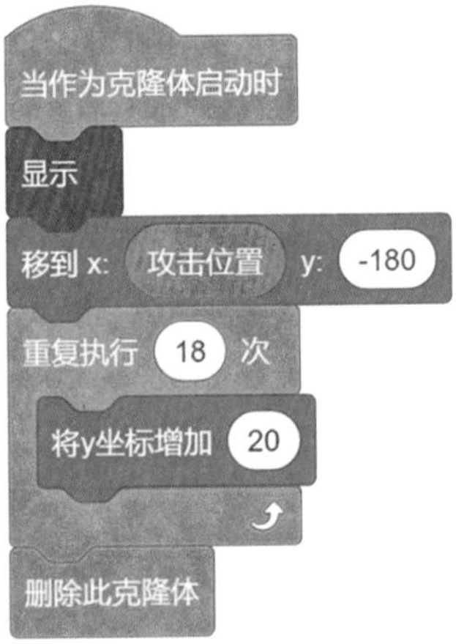

步骤3：飞镖动画。

让飞镖在飞行中一直转动，看起来更生动。

继续 →

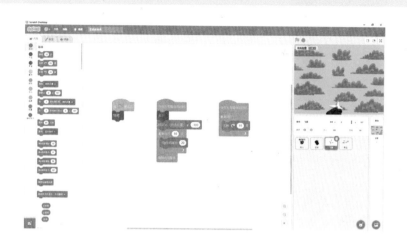

角色3：草丛

该角色没有脚本，只是为了遮挡敌人。

（注意：将草丛设置在敌人的上一层位置）

角色4：敌人

继续 →

步骤1：角色控制

远处移动设计：将敌人变小（这样看起来会更像在远处），并设置在屏幕上方，从屏幕的左边出现移动到右边后隐藏。

近处移动设计：将敌人变大（这样看起来会更接近忍者了），并设置在屏幕中间，从屏幕的右边出现移动到左边后隐藏。

每次移动之后都会有2秒的间隔，这是给玩家准备攻击的时间。

如果近处移动完成还没有受到攻击，广播"游戏结束"。

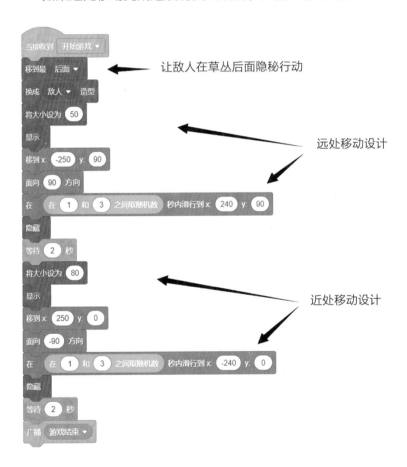

让敌人在草丛后面隐秘行动

远处移动设计

近处移动设计

继续 →

🚩 步骤2：攻击判断。

如果碰到飞镖，切换敌人2造型（受伤造型），停止角色的移动，并重启游戏。

🚩 步骤3：游戏结束。

当接收到游戏结束时，将敌人放大移动到屏幕中心，切换敌人3造型（游戏结束界面）。提示4秒后，重启游戏。

继续 →

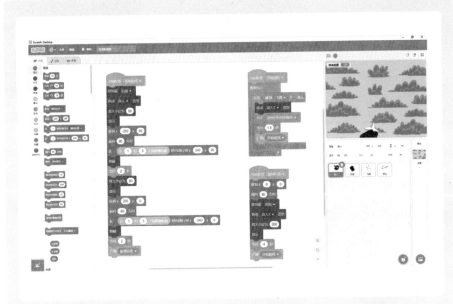

运行与调试

完成了上述操作，运行效果到底如何呢？点击 🏳 试玩一下，看看是否有问题？如果没问题，恭喜你又完成了一个 Scratch作品；如果有问题，再看看上面的内容，比对积木以及积木里的参数来进行调试，直到自己满意为止。

如果调试有困难，可以添加老师的微信或者QQ获取帮助。

挑战自我

尝试改变敌人出现的位置，让敌人不单单只在规定的地方出现和消失，让游戏更有趣味性。

```
当接收到 开始游戏 ▼
移到最 后面 ▼
换成 敌人 ▼ 造型
将大小设为 50
显示
  移到 x: -250 y: 90
  面向 90 方向
  在 在 1 和 3 之间取随机数 秒内滑行到 x: 240 y: 90
隐藏
等待 2 秒
将大小设为 80
显示
  移到 x: 250 y: 0
  面向 -90 方向
  在 在 1 和 3 之间取随机数 秒内滑行到 x: -240 y: 0
隐藏
等待 2 秒
广播 游戏结束 ▼
```

参考上图的红色框部分，即可完成挑战自我。

提示：

1. 这两段蓝色的代码刚好是敌人出现和移动的脚本。

2. 我们只需要改变每次移动的第1个积木，也就是敌人出现位置的y坐标就可以完成挑战了。

3. 如果想要更有趣，可以尝试改变每次移动的第3个积木，也就是敌人移动的速度，让敌人更难以捉摸吧。

编程英语

英文	中文	英文	中文
ninjia	忍者	grass	草丛
dart	飞镖	poison	毒药

知识宝典

利用广播制作一个可以一直重复玩的游戏

创建一个广播来初始化游戏，当游戏结束后执行这个广播，从而达成可以重复玩游戏的功能。

利用角色所在的层制作遮挡效果

将草丛放在敌人的上一层，此时，当敌人经过草丛的时候就会被一部分草丛遮挡住，这样做出来的游戏可信度会更高了。

利用变量传递数值

利用变量让飞镖从手的位置飞出去。

第十四章

坦克大战

> 发明的过程比发明的结果美好千倍。
>
> ——卡尔·本茨

卡尔·弗里德里希·本茨（Karl Friedrich Benz，1844—1929），德国著名的戴姆勒-奔驰汽车公司的创始人之一，现代汽车工业的先驱者之一，人称"汽车之父""汽车鼻祖"。他从小喜爱科技，靠修理手表得到一些零用钱，曾在机械厂当学徒，在制秤厂里成为"绘画者和设计者"，在桥梁建筑公司担任工长，并先后就读于卡尔斯鲁厄文理学院和卡尔斯鲁厄综合科技大学。他在青少年时期较为系统地学习了机械构造、机械原理、发动机制造、机械制造经济核算等课程，为日后的发展打下了良好的基础。

清朝末年，最高统治者慈禧太后拥有的第一辆汽车就是卡尔·本茨发明的汽车。

德国是一个崇尚科学和技术的国家，加上德国人民追求理性与严谨，"德国制造"成为顶级品质的代名词。几乎每一种物品，都有一个顶级品牌是德国的。相机，有徕卡（leica）；光学镜头，有蔡司（Zeiss）；声学，有森海塞尔（Sennheiser）；厨房用具，有双立人（ZWILLING）；家用电器，有西门子（Siemens）；至于汽车，有大众、奔驰、宝马、奥迪、保时捷。甚至在"二战"时期，德军制造的坦克就曾经横扫无数对手，让世界再次震惊于德国制造的顶级品质。申小吉来到德国之后，先喝了一扎德国黑啤，又品尝了德国的烤香肠拼盘，打算模拟"二战"时德军和盟军的坦克大作战。

思维导图

　　我们把这个故事做成一个对战游戏。玩家1控制坦克1移动和发射炮弹，玩家2控制坦克2移动和发射炮弹，谁先得到200分，谁就是赢家。坦克不可跨越路障，碰到路障会停止移动。

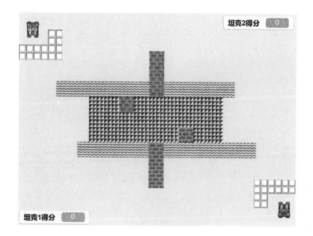

项目思维导图

背景 —— 战场

坦克大战

坦克 1
- 设置坦克 1 的上下左右移动和炮弹 1 射击
- 让坦克 1 碰到路障停止移动

炮弹 1
- 让炮弹 1 从坦克 1 的正面方向射出
- 碰到坦克 2 得 10 分；当坦克 1 得分满 200 分，广播"坦克 1 胜利"
- 碰到屏幕边缘和路障时，炮弹 1 消失

角色

坦克 2
- 设置坦克 2 的上下左右移动和炮弹 2 射击
- 让坦克 2 碰到路障停止移动

炮弹 2
- 让炮弹 2 从坦克 2 的正面方向射出
- 碰到坦克 1 得 10 分；当坦克 2 得分满 200 分，广播"坦克 2 胜利"
- 碰到屏幕边缘和路障时，炮弹 2 消失

路障 —— 只作为碰撞判断用途，没脚本

树林 —— 移动到屏幕的最上层，对坦克有遮挡用途

编程大作战

制作过程

角色1：坦克1

坦克1

🚩 步骤1：初始化。

初始化角色的方向和位置。

🚩 步骤2：角色控制。

创建变量1"坦克1-X"，记录坦克1的x坐标。

创建变量2"坦克1-Y"，记录坦克1的y坐标。

创建变量3"炮弹1方向"，记录坦克1的方向。

设置按键w、s、d、a，控制坦克1的上下左右移动和面对的

继续 →

方向。

　　设置按键g控制坦克1发射炮弹。

　　将炮弹1的方向设置为当时坦克1的方向，克隆炮弹1。

　　障碍物碰撞判断：如果碰到路障或者碰到舞台边缘，立刻移动到碰撞时的x坐标和y坐标，这样X和Y的数值就不能变化了，也就是碰到物体移动不了（一般游戏的物体碰撞都是用这个方法完成的）。

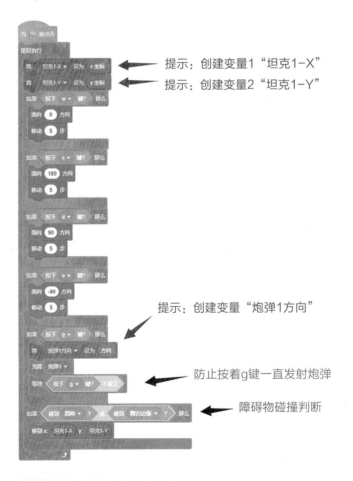

提示：创建变量1"坦克1-X"

提示：创建变量2"坦克1-Y"

提示：创建变量"炮弹1方向"

防止按着g键一直发射炮弹

障碍物碰撞判断

继续 →

🚩 步骤3：游戏结束。

当接收到"坦克1胜利"时，停止角色控制，说："我赢了！"

当接收到"坦克2胜利"时，停止角色控制。

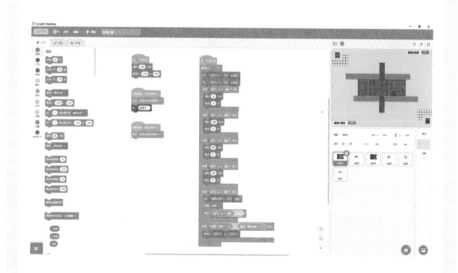

继续 →

角色2：炮弹1

炮弹1

📕 步骤1：初始化。

创建变量4"坦克1得分"，记录坦克1的得分情况。

初始化"坦克1得分"为0。

隐藏角色，让角色一直跟随着坦克1移动。

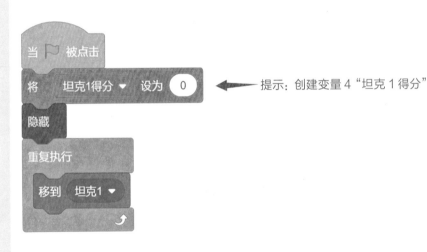

提示：创建变量 4 "坦克 1 得分"

📕 步骤2：角色控制。

让克隆体产生时都面向炮弹1的方向。

显示角色，发出炮弹。让炮弹1一直移动，直到碰到舞台边缘或者碰到路障时，删除克隆体。

继续 →

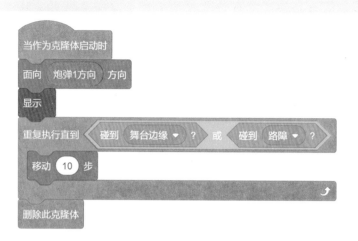

步骤3：创建游戏规则。

如果克隆体碰到坦克2，坦克1得分加10分，删除克隆体。

如果克隆体碰到炮弹2，删除克隆体。

如果坦克1得分=200，广播"坦克1胜利"。

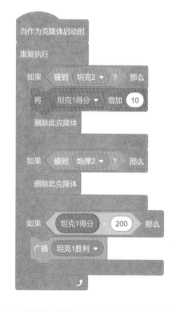

继续 →

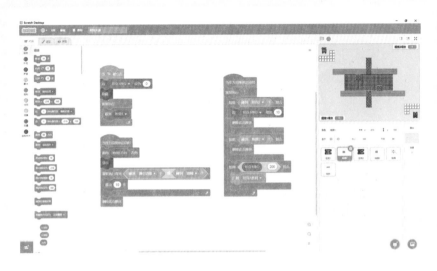

角色3：坦克2

坦克2

🚩 步骤1：初始化。

初始化角色的方向和位置。

🚩 步骤2：角色控制。

创建变量5"坦克2-X"，记录坦克2的x坐标。

继续 →

创建变量6"坦克2-Y"，记录坦克2的y坐标。

创建变量7"炮弹2方向"，记录坦克2的方向。

设置↑、↓、←、→按键控制坦克2的上下左右移动和面对的方向。

设置按键5控制坦克2发射炮弹。

将炮弹2方向设置为当时坦克2的方向，克隆炮弹2。

设置跟路障和舞台边缘的障碍物碰撞判断。

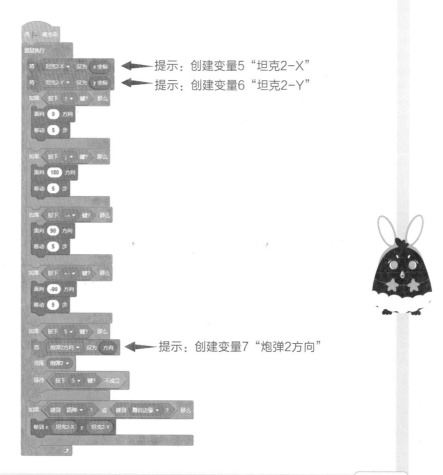

提示：创建变量5"坦克2-X"

提示：创建变量6"坦克2-Y"

提示：创建变量7"炮弹2方向"

继续 →

步骤3：游戏结束。

当接收到"坦克2胜利"时，停止角色控制，说："我赢了！"

当接收到"坦克1胜利"时，停止角色控制。

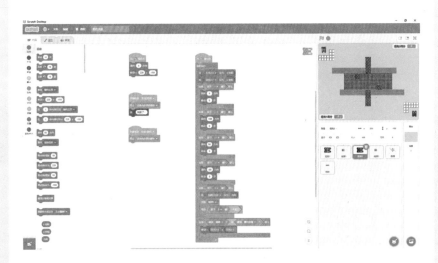

继续 →

角色4：炮弹2

炮弹2

🚩 步骤1：初始化。

创建变量8"坦克2得分"，记录坦克2的得分情况。

初始化"坦克2得分"为0。

隐藏角色，让角色一直跟随着坦克2移动。

提示：创建变量8"坦克2 得分"

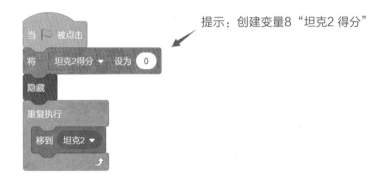

🚩 步骤2：角色控制。

让克隆体产生时都面向炮弹2的方向。

显示角色，发出炮弹。让炮弹2一直移动，直到碰到舞台边缘或者碰到路障时，删除克隆体。

继续 →

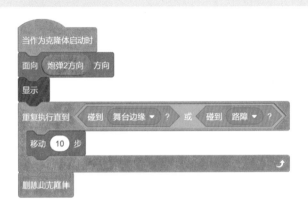

🚩 步骤3：创建游戏规则。

如果克隆体碰到坦克1，坦克2得分加10分，删除克隆体。

如果克隆体碰到炮弹1，删除克隆体。

如果坦克2得分=200，广播"坦克2胜利"。

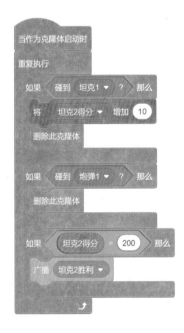

继续 →

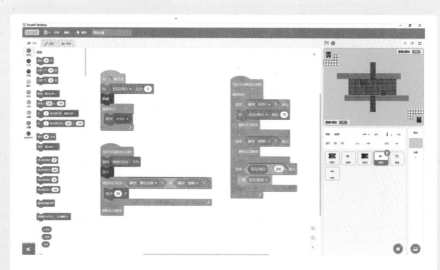

角色5：路障

该角色设置没有脚本，只作为物体碰撞判断用途。

角色6：树林

让角色在屏幕最上层，可以遮挡坦克。

运行与调试

完成了上述操作，运行效果到底如何呢？点击 🚩 试玩一下，看看是否有问题？如果没问题，恭喜你又完成了一个Scratch作品；如果有问题，再看看上面的内容，比对积木以及积木里的参数来进行调试，直到自己满意为止。

如果调试有困难，可以添加老师的微信或者QQ获取帮助。

挑战自我

尝试更改坦克的移动控制方式，模拟现实中的坦克的移动方式。

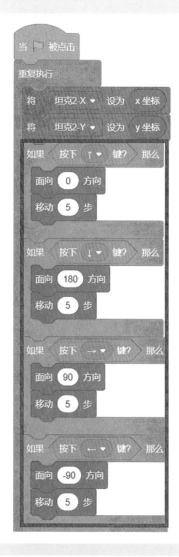

继续 →

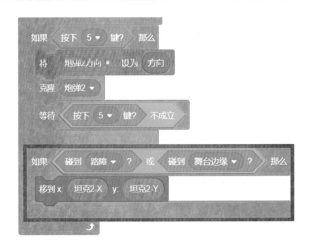

参考上图的红色框部分，创建移动方向变量。按↑键让坦克往前走，按←键、→键改变坦克的移动方向，按↓键让坦克往后走。

编程英语

英文	中文	英文	中文
tank	坦克	shell	炮弹
roadblock	路障	forest	森林

知识宝典

利用变量记录游戏规则所需的数值

利用变量来记录数值，很多游戏的规则都是通过对比这些数值来制定的。

学会设置分数系统和制作胜负结果

利用变量记录得分，给游戏设置胜负评分标准，并做出相应的胜负结果，制作一个完整的游戏。

第十五章

袋鼠跑酷

> 俱往矣，数风流人物，还看今朝。
>
> ——毛泽东

毛泽东是政治家、革命家、理论家、诗人、书法家，中国共产党、中国人民解放军和中华人民共和国的主要缔造者和领导人。1949至1976年，毛泽东担任中华人民共和国最高领导人。他对马克思列宁主义的发展、军事理论的贡献以及对共产党的理论贡献被称为毛泽东思想。因毛泽东担任过的主要职务几乎全部称为主席，所以也被人们尊称为"毛主席"。毛泽东被视为现代世界历史中最重要的人物之一，《时代》杂志也将他评为20世纪最具影响100人之一。

在澳大利亚，有一种动物随处可见，那就是袋鼠。袋鼠可以生活在丛林、草原和沙漠。袋鼠之所以叫袋鼠，是因为小袋鼠在刚出生的时候非常脆弱，要在妈妈的育儿袋里生活。直到1年后，小袋鼠才离开妈妈的育儿袋，独自生活。等袋鼠长到三四岁的时候，它就发育成为身高1.6米、体重100多公斤的大袋鼠，比人还强壮。这时的袋鼠是草原上跳得最高最远的哺乳动物，每小时能跳走65千米路，可以赶上人类发明的汽车了。

　　这么强壮的袋鼠，其实有一个弱点：它很害怕仙人掌。试想下，一只又高大又强壮的袋鼠在草原上自由跳跃的时候，突然一脚跳到仙人掌上，脚底马上一酸，疼得哇哇叫，不得不原地连跳几次。这画面……

　　申小吉这次要做的，就是帮助袋鼠避开这些可怕的仙人掌。

思维导图

我们把这个故事做成跑酷游戏。仙人掌在2~4秒之间随机生成并阻碍袋鼠前进，玩家控制袋鼠跳跃躲开不断迎面过来的仙人掌。

项目思维导图

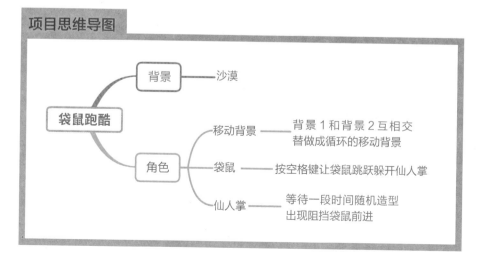

编程大作战

制作过程

角色1：移动背景

移动背景功能实现示意图。

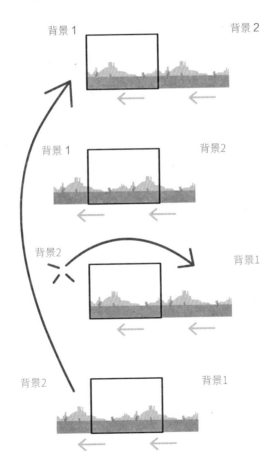

继续 →

我们用两个背景不断左移替换，让玩家感觉袋鼠在移动。

角色1：背景1

背景1

🚩 步骤1：位置定位。

创建变量1"背景移动"，记录位置移动。

设置背景1初始化位置为屏幕中心，让背景1跟随"背景移动"移动。

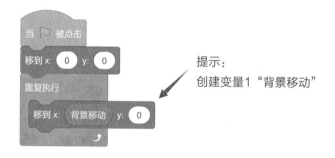

提示：
创建变量1"背景移动"

🚩 步骤2：背景移动。

创建变量2"背景移动速度"，设置移动速度。将背景移动速度设置为-5，让背景1一直往左边移动。让背景移动无缝连接：当背景1的x坐标位置小于-480时，也就是背景1完全从屏幕左边离开屏幕时，立刻移动到屏幕外的右边接着继续往左边移动。

继续 →

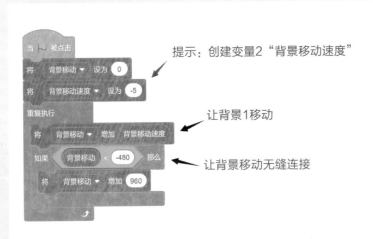

提示：创建变量2"背景移动速度"

让背景1移动

让背景移动无缝连接

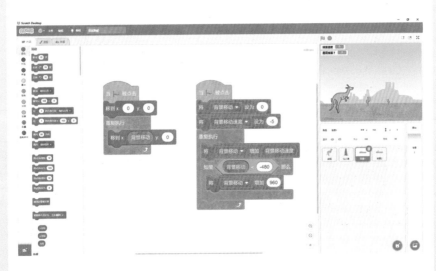

背景2：

背景2

继续 →

位置1：当背景开始移动时，让背景2在屏幕最右边进入屏幕并一直往左移动。

位置2：当背景2移动到屏幕最左边离开屏幕时，移动到屏幕外右边。

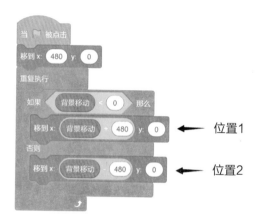

角色2：袋鼠

创建变量3"位移速度"，设置袋鼠跳起来后的掉落速度。

创建变量4"位移距离"，记录袋鼠的位移距离。

设置地面：我们把y坐标=-76作为地面。当袋鼠的y坐标小于-76时，将y坐标增加1，让它不再继续掉落。

控制跳跃：当按空格键与位移距离数值小于3时，将位移速度设置为15，让袋鼠跳起来到一定的高度，并且防止因为一直按着空格键使袋鼠一直往上跳。

继续 →

当 🏴 被点击
移到 x: -140 y: -76
将 掉落速度 ▼ 设为 0 ◀── 提示：创建变量3"位移速度"
重复执行
　将y坐标增加 掉落速度
　将 掉落速度 ▼ 增加 -1 ◀── 让袋鼠跳起来后不断往下掉
　将 是否掉落？ ▼ 增加 1 ◀── 提示：创建变量4"位移距离"
　重复执行直到 y坐标 < -76 不成立 ◀── 设置地面
　　将y坐标增加 1
　　将 掉落速度 ▼ 设为 0
　　将 是否掉落？ ▼ 设为 0
　如果 按下 空格 ▼ 键？ 与 是否掉落？ < 3 那么 ◀── 控制跳跃
　　将 掉落速度 ▼ 设为 15

角色3：仙人掌

仙人掌

🏴 步骤1：克隆仙人掌。

先把克隆主体的仙人掌隐藏。

游戏开始时，每隔2~4秒随机克隆仙人掌。

继续 →

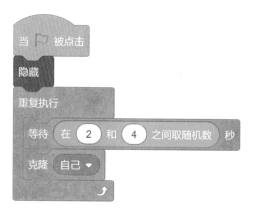

步骤2：仙人掌控制。

当克隆仙人掌时，随机造型，并移动到屏幕的最右边。

显示仙人掌，并让仙人掌不断地往左边移动，直到移动至屏幕的最左边时，删除克隆体仙人掌。

继续 →

步骤3：游戏结束。

当克隆仙人掌碰到袋鼠时，游戏结束。

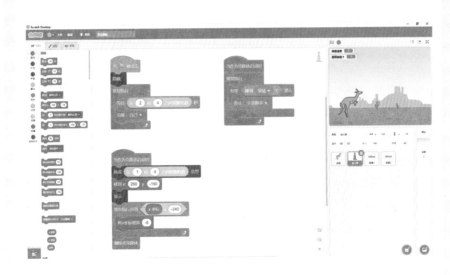

运行与调试

　　完成了上述操作，运行效果到底如何呢？点击  试玩一下，看看是否有问题。如果没问题，恭喜你又完成了一个Scratch作品；如果有问题，再看看上面的内容，比对积木以及积木里的参数来进行调试，直到自己满意为止。

　　如果调试有困难，可以添加老师的微信或者QQ获取帮助。

挑战自我

尝试添加一个弹床角色，让袋鼠碰到后会跳起来，以增加游戏的趣味性。

添加一个新角色（弹床），参考上图的红色框部分，即可完成挑战自我。

编程英语

英文	中文	英文	中文
kangaroo	袋鼠	cactus	仙人掌
jump	跳跃	desert	沙漠

知识宝典

学会制作横板游戏的背景移动效果

让两个一模一样的背景（背景的最左边和最右边必须是一样的）相互交替地从屏幕的一边往另一边移动，制作一个背景移动的效果。（一般的横板动作类游戏、飞机游戏、赛车游戏都用这个方式来实现背景移动效果）

利用变量来实现地心引力效果

我们分析地心引力的特性，让变量不断减少来模拟地心引力，很多项目都会使用变量来完成某些物理现象的模拟。